BestMasters

Mit „BestMasters" zeichnet Springer die besten Masterarbeiten aus, die an renommierten Hochschulen in Deutschland, Österreich und der Schweiz entstanden sind. Die mit Höchstnote ausgezeichneten Arbeiten wurden durch Gutachter zur Veröffentlichung empfohlen und behandeln aktuelle Themen aus unterschiedlichen Fachgebieten der Naturwissenschaften, Psychologie, Technik und Wirtschaftswissenschaften.

Die Reihe wendet sich an Praktiker und Wissenschaftler gleichermaßen und soll insbesondere auch Nachwuchswissenschaftlern Orientierung geben.

Uli Schlachter

Energie- und Paritäts-gewinnbedingungen auf Spielstrukturen

Mit einem Geleitwort von Prof. Dr. Eike Best

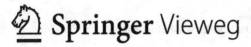 Springer Vieweg

Uli Schlachter
Oldenburg, Deutschland

BestMasters
ISBN 978-3-658-12536-3   ISBN 978-3-658-12537-0 (eBook)
DOI 10.1007/978-3-658-12537-0

Die Deutsche Nationalbibliothek verzeichnet diese Publikation in der Deutschen Nationalbi-
bliografie; detaillierte bibliografische Daten sind im Internet über http://dnb.d-nb.de abrufbar.

Springer Vieweg

Gedruckt auf säurefreiem und chlorfrei gebleichtem Papier

Springer Vieweg ist Teil von Springer Nature
Die eingetragene Gesellschaft ist Springer Fachmedien Wiesbaden GmbH

Geleitwort

Petrinetze sind ein wichtiges Arbeitsthema in meiner Abteilung „Parallele Systeme" im Department für Informatik an der Carl von Ossietzky Universität Oldenburg. Auf diesem Gebiet sind viele Entscheidungsfragen noch offen, zum Beispiel das Problem, ob die Verdopplung des Initialzustands eines Petrinetzes die gleiche Sprache generiert wie die disjunkte Vereinigung dieses Netzes mit sich selbst. Da dieses Problem auf den ersten Blick einem Paritätsspiel ähnelt, fand ich es reizvoll, das Papier *Solving Parity Games on Integer Vectors* (P.A. Abdulla, R. Mayr, A. Sagnier, J. Sproston) aus dem Jahr 2013 und dessen (Un-) Entscheidbarkeitsaussagen auf mögliche Verwendung zu untersuchen.

Herr Schlachter hat sich dieses Themas in der vorliegenden, von mir betreuten MSc-Arbeit angenommen. Vom genannten Papier ausgehend, hat er zunächst eine "Umgebungsanalyse" vorgenommen. Es mussten einige Vorgänger und analoge Arbeiten untersucht werden. Da die Papiere recht unterschiedliche Definitionen verwenden, arbeitete Herr Schlachter einen einheitlichen Zugang aus. Er hat Spielstrukturen mit Energiebedingungen und Paritätsspiele miteinander verknüpft. Einige Beweise und Erklärungen in den Quellen hat er ausgebaut, verständlich und inhaltlich konsistent dargestellt, allgemeiner gefasst und durch eigene Resultate ergänzt.

Herrn Schlachters MSc-Arbeit ist theoretisch fundiert und algorithmenorientiert. Sie enthält alle nötigen Definitionen und die wichtigsten Sätze mit Beweisen. Formale Details, Methoden und Ergebnisse wurden anhand eines einheitlichen, durchgängigen Beispiels verdeutlicht. Die Arbeit bietet eine sehr gute Einführung in das Gebiet der Energie- und Paritäts-Zweipersonenspiele.

Ich wünsche viel Freude beim Lesen und Studieren dieses schönen *BestMaster*-Bandes!

Eike Best   Oktober 2015

Danksagung

An dieser Stelle möchte ich mich nun bei den Personen bedanken, die mich bei der Erstellung der vorliegenden Arbeit unterstützt haben.

Zuerst möchte ich meinem Betreuer Herrn Prof. Dr. Best danken. Er hat mir bei der Themenfindung und schließlich auch bei der Anfertigung meiner Masterarbeit hilfreich zur Seite gestanden. Des Weiteren möchte ich ihm danken, dass er meine Arbeit für die *BestMasters*-Reihe vorgeschlagen hat. Dies verdeutlicht sein Engagement für seine Studierenden.

Weiterhin möchte ich mich bei meinem Zweitgutachter Dr. Fleischhack bedanken, der sich ebenfalls Zeit für mich und meine Arbeit genommen hat.

Sven Linker danke ich dafür, dass er die Arbeit las, viele kritische Fragen stellte und Problem aufzeigte. Ohne seine Hilfe wären viele Kleinigkeiten unentdeckt geblieben.

Darüber hinaus möchte ich Jannik Arndt dafür danken, dass er mir durch Formulierungsschwierigkeiten hindurch half und mich bis zum Ende motivierte weiter zu machen.

Für dieses Buch hat meine Schwester Tina nochmal viele Anmerkungen beigesteuert und insbesondere meinen Deutschkenntnissen auf die Sprünge geholfen – Danke!

Nicht zuletzt möchte ich meinen Eltern danken, ohne die ich gar nicht hätte studieren können und Sabrina Frohn, die mich nicht nur bei meiner Masterarbeit, sondern auch bei allem anderen, fortwährend unterstützt.

Uli Schlachter   November 2015

Inhaltsverzeichnis

Abbildungsverzeichnis

Tabellenverzeichnis

1 Einleitung

Petri-Netze wurden von Dr. Carl Adam Petri laut [PR08] bereits 1939 im Alter von 13 Jahren entwickelt und in seiner Dissertation [Pet62] dem Fachpublikum vorgestellt. Seitdem wurde dieser Formalismus weiterentwickelt und auf verschiedenste Arten erweitert, so dass Petri-Netze heute vielseitig einsetzbar sind und ein ergiebiges Forschungsgebiet darstellen.

Eine dieser Erweiterungen ist die Definition einer formalen Sprache durch Petri-Netze. Hierbei werden Wörter der Sprache durch Feuersequenzen des Netzes gebildet. Aufbauend hierauf können Eigenschaften dieser Sprachen untersucht werden. Eine dieser Eigenschaften ist die Teilmengenbeziehung zwischen Sprachen, also ob alle Wörter eines Netzes auch von einem anderen Netz erzeugt werden können. Diese Fragestellung wurde bereits in [Hac76] abschließend beantwortet, indem gezeigt wurde, dass dies im Allgemeinen unentscheidbar ist. Dies schließt allerdings nicht aus, dass das Problem in spezielleren Varianten entscheidbar ist.

Die vorliegenden Arbeit resultiert aus Überlegungen zu $L(2N) \subseteq L(N||N)$. Hierbei ist N ein Petri-Netz mit einer Initialmarkierung. Bei $2N$ handelt es sich um dasselbe Netz mit verdoppelter Initialmarkierung und $N||N$ ist die parallele Komposition des Netzes mit sich selbst. Es kann leicht eingesehen werden, dass die Sprachen dieser beiden Netze $L(N||N) \subseteq L(2N)$ allgemein erfüllen, indem die Initialmarkierung von $2N$ in zwei gleiche Teile zerlegt wird, die jeweils für die Simulation einer der Kopien des Petri-Netzes verwendet werden. Die Entscheidbarkeit von $L(2N) \subseteq L(N||N)$ bleibt ein offenes Problem.

In Theorem 5 von [AMSS13] wurde eine Konstruktion gezeigt, mit der entschieden werden kann, ob ein Vektoradditionssystem mit Zuständen, kurz VASS, einen endlichen Automaten simuliert. Die Motivation der vorliegenden Arbeit ist, diese Konstruktion auf obiges Problem verallgemeinern zu können. Dies könnte möglich sein, da VASS äquivalent zu einer großen

Teilklasse von Petri-Netzen sind und somit Aussagen zu VASS auf Petri-Netze übertragbar sind.

Das genannte Theorem reduziert die Simulation auf die Existenz einer Gewinnstrategie in einer Spielstruktur. Hierbei handelt es sich um ein Zwei-Spieler-Spiel, das auf einem gerichteten Graphen gespielt wird. Die Knoten des Graphens werden den beiden Spielern zugeordnet und sie wählen einen Nachfolgeknoten als nächsten Zug, wenn das Spiel in einer ihrer Knoten ist. So entsteht eine unendliche Folge von Knoten. Der Sieger wird anhand einer Bewertung derjenigen Zustände bestimmt, die unendlich oft im Spiel vorkommen, oder anhand der Beschriftung der Kanten, die aufaddiert werden und deren Summe nicht negativ werden darf. Außerdem kann eine Kombination der beiden Kriterien benutzt werden.

Die bereits erwähnte Konstruktion aus [AMSS13] erzeugt eine Art Produktautomaten aus den beiden Eingaben. Der endliche Automat gibt hierbei ein Symbol vor und das VASS muss mit dem gleichen Symbol antworten. Falls es dies nicht kann, dann verliert Spieler 1 das Spiel. Hierbei wird die Kantenbeschriftung genutzt um das VASS zu simulieren. Da Transitionen in einem VASS nicht aktiviert sind, wenn sie zu einer negativen Markierung führen würden, wird durch die Kantenbeschriftung dafür gesorgt, dass nur aktivierte Transitionen verwendet werden. Damit auch τ-Beschriftungen umgesetzt werden können, wird die Zustandsbewertung eingesetzt. Es muss verhindert werden, dass eines der beiden Modelle unendlich viele τ-Schritte hintereinander durchführt. Hierzu wird dafür gesorgt, dass in diesem Fall nur Zustände mit einer für den betreffenden Spieler ungünstigen Bewertung unendlich oft im Spiel auftreten würden. Bei dieser Konstruktion bedeutet dann die Existenz einer Gewinnstrategie für Spieler 1, dass das VASS den Automaten schwach simuliert.

Die vorliegende Arbeit baut auf [CRR12] auf, welches eine der wesentlichen Grundlagen von [AMSS13] darstellt. Da diese beiden Aufsätze mit sehr unterschiedlichen Definitionen arbeiten, wurde hier ein einheitlicher Weg gewählt und beispielsweise Spielstrukturen und Paritätsspiele zusammengefasst. Viele sehr knapp gefasste Beweise wurden ausführlicher und hoffentlich verständlicher dargestellt. Insbesondere für Lemma 4.2.5 waren einige Anstrengungen nötig, da in den Quellen auf verschiedene Aussagen in anderen Veröffentlichungen verwiesen wurde, aus denen sich der gesuchte Beweis angeblich zusammensetzen lässt. Leider gab es hier Verweise auf Sätze, die im genannten Aufsatz nicht zu finden waren, oder in der genannten Situation nicht anwendbar sind. Außerdem wurde die Determiniertheit der Gewinnbedingungen in den Quellen vernachlässigt. Um diese zu zeigen, wurden

Aussagen aus einer anderen Art von Spielen übertragen und eigene Ansätze verfolgt. Das Ergebnis dieser Arbeit ist es, zu verschiedenen Gewinnbedingungen entscheiden zu können, ob eine Gewinnstrategie existiert, und diese zu bestimmen.

Als Orientierungshilfe für den Leser wird die Variable s immer für einen Zustand einer Spielstruktur verwendet. Für Spiele wird π benutzt, ρ, ν stehen für Präfixe, v_0 ist eine Initialenergie und λ ist eine Strategie.

In Kapitel 2 werden die verwendeten Spielstrukturen eingeführt und definiert, wie auf diesen gespielt wird, wie Spiele gewonnen werden und wie Spieler ihre Züge wählen. Nachdem die wesentlichen Grundlagen vorgestellt wurden, können in Kapitel 3 selbstüberdeckende Bäume betrachtet werden. Diese stehen in einem starken Zusammenhang zu Gewinnstrategien von Spieler 1. Im folgenden Kapitel 4 werden Gewinnstrategien weiter untersucht. Hierbei werden insbesondere Aussagen zu den Fällen geliefert, in denen selbstüberdeckende Bäume nicht angewendet werden können. Es wird sich zeigen, dass beide Spieler auf Strategien mit endlichem Gedächtnis eingeschränkt werden können, ohne dass ihre Gewinnchancen hierdurch beeinflusst werden. Somit kann dann ohne Beschränkung angenommen werden, dass beide Spieler nur Strategien mit endlichem Gedächtnis einsetzen.

Nachdem die nötigen Eigenschaften von Gewinnstrategien nun bekannt sind, geht es als nächstes darum, Gewinnstrategien zu berechnen. Hierzu führt Kapitel 5 Reduktionen ein, welche die verschiedenen Gewinnbedingungen auf die Energiebedingung reduzieren. In Kapitel 6 werden Gewinnstrategien zur Energiebedingung bestimmt. Dank der vorgestellten Reduktion ist es dann möglich, zu einer dieser Gewinnbedingungen und einer beliebigen Spielstruktur zu entscheiden, ob eine Gewinnstrategie für einen Spieler existiert und diese auch anzugeben.

2 Grundlagen

In diesem Kapitel werden Spiele auf Spielstrukturen eingeführt, die dann in der restlichen Arbeit untersucht werden.

Diese Spiele werden von zwei Spielern gespielt, die ihre Züge nicht notwendigerweise abwechselnd ausführen. Die Spielstruktur gibt dabei vor, welche Züge möglich sind, welche Auswirkungen diese haben und welcher Spieler am Zug ist. Es werden nur unendlich lange Spiele zugelassen.

Anschließend werden Strategien definiert, anhand derer Spieler ihre Züge auswählen. Die Definition von Strategien mit endlichem Gedächtnis und gedächtnislose Strategien liefert weniger mächtige Arten von Strategien.

Die vorgestellten Definitionen basieren auf [CRR12], wurden aber abgewandelt. Beispielsweise wurden zwei verschiedene Arten von Spielstrukturen zusammengefasst. In manchen Details wurde auch die Notation aus [CDHR10] verwendet.

2.1 Konventionen

Zwei Mengen M und P stehen in der Beziehung $M \subseteq P$, wenn alle Elemente von M auch in P enthalten sind. Somit ist dies auch für $M = P$ erfüllt.

Die Potenzmenge von einer Menge M wird als 2^M bezeichnet und enthält alle möglichen Teilmengen von M.

Die Menge der natürlichen Zahlen ist $\mathbb{N} := \{0, 1, 2, \ldots\}$ und analog ist die Menge der ganzen Zahlen $\mathbb{Z} := \{\ldots, -2, -1, 0, 1, 2, \ldots\}$.

Zu einer natürlichen Zahl $k \in \mathbb{N}$ und einer Menge M ist M^k die Menge aller k-Tupel von Elementen von M. Diese werden auch als Vektoren bezeichnet. Zu einem Vektor $v \in M^k$ und beliebigem $1 \leq i \leq k$ ist v_i die i-te Komponente dieses Vektors.

Zwei Vektoren v, $w \in M^k$ stehen in der Beziehung $v \leq w$, wenn für alle Indizes $1 \leq i \leq k$ der Zusammenhang $v_i \leq w_i$ gilt. Analog sind die anderen Vergleichsoperatoren definiert. Schließlich heißen v und w unvergleichbar, wenn weder $v \leq w$ noch $v \geq w$ gilt. Beispielsweise sind $(0, 1)$ und $(1, 0)$ unvergleichbar.

Schließlich wird noch eine Aussage über unendliche Folgen aus Vektoren benötigt, die als Dicksons Lemma allgemein bekannt ist:

Lemma 2.1.1 (Dickson). *Sei $a \colon \mathbb{N} \to \mathbb{N}^k$ eine unendliche Folge von k-dimensionalen Vektoren. Dann gibt es Zahlen i, $j \in \mathbb{N}$ mit $i < j$, so dass $a(i) \leq a(j)$.*

Dieses Lemma wird im Anhang bewiesen.

2.2 Spielstrukturen und Spiele

Definition 2.2.1. *Eine* Spielstruktur *ist ein Tupel $G = (S_1, S_2, s_0, E, k, w, p)$, wobei S_1 und S_2 zwei endliche, disjunkte Mengen von Zuständen sind, die jeweils zu Spieler 1, beziehungsweise Spieler 2, gehören. Die Menge $S := S_1 \cup S_2$ ist die Menge aller Zustände des Spiels.*

Der Initialzustand *ist $s_0 \in S$ und $E \subseteq S \times S$ bildet die* Kantenmenge *der Spielstruktur. Hierbei muss zu jedem $s \in S$ mindestens ein $s' \in S$ existieren mit $(s, s') \in E$. Schließlich ist $k \in \mathbb{N}$ die* Dimension *der Gewichtsvektoren, $w \colon E \to \mathbb{Z}^k$ bildet die* mehrgewichtige Beschriftungsfunktion *der Kanten und $p \colon S \to \mathbb{N}$ ist eine* Bewertungsfunktion *der Zustände.*

Die in $s \in S$ beginnende Spielstruktur $G(s) := (S_1, S_2, s, E, k, w, p)$ ist identisch zu G, verwendet aber s als Initialzustand.

Eine Spielstruktur ist also im wesentlichen ein gerichteter Graph, in dem Knoten beziehungsweise Zustände zwei verschiedenen Spielern zugeordnet werden und es einen ausgezeichneten Anfangsknoten gibt. Die Kanten werden mit Vektoren gewichtet und die Zustände erhalten eine Bewertung.

Die Gewichtungen und Bewertungen werden bei den Gewinnbedingungen wieder aufgegriffen werden. Zunächst wird aber ein Spiel als Folge von Zuständen definiert, wobei nur ausgehende Kanten des aktuellen Zustands verwendet werden können.

Im Folgenden wird immer eine beliebige Spielstruktur G angenommen. Hierbei sind die einzelnen Komponenten wie oben definiert.

Definition 2.2.2. *Sei $G = (S_1, S_2, s_{init}, E, k, w, p)$ eine Spielstruktur. Ein* Spiel $\pi \in$ Plays(G) *auf G ist eine unendliche Folge von Zuständen $\pi = s_0 s_1 s_2 \ldots$, so dass $s_0 = s_{init}$ erfüllt ist und für alle $i \in \mathbb{N}$ gilt, dass $(s_i, s_{i+1}) \in E$. Der* Präfix $\pi(n)$ *bis zum n-ten Zustand des Spieles $\pi = s_0 s_1 \ldots s_n \ldots$ ist die endliche Folge $\pi(n) = s_0 s_1 \ldots s_n$, wobei* Last($\pi(n)$) := s_n. *Ein Präfix gehört zu* Spieler $i \in \{1, 2\}$, *falls* Last($\pi(n)$) $\in S_i$.

Die Menge aller Spiele von G wird Plays(G) *genannt und* Prefs(G) *ist die entsprechende Menge von Präfixen. Außerdem ist* Prefs$_i$(G) $\subseteq$ Prefs(G) *die Menge von Präfixen, die zu Spieler i gehören.*

2.3 Gewinnbedingungen

Bei Spielen gibt es einen Gewinner. Durch eine Gewinnbedingung wird festgelegt, welcher der beiden Spieler dies ist. Formal ist eine Gewinnbedingungen W eine Menge von Spielen, die Spieler 1 gewinnt.

Definition 2.3.1. *Eine* Gewinnbedingung $W \subseteq$ Plays(G) *zu einer Spielstruktur G ist eine Menge von Spielen. Spieler 1 gewinnt ein Spiel π gemäß einer Gewinnbedingung W, falls $\pi \in W$. Andernfalls, also wenn $\pi \notin W$, gewinnt Spieler 2.*

In der vorliegenden Arbeit werden im Wesentlichen nur zwei verschiedene Gewinnbedingungen betrachtet, wobei auch noch Erweiterungen dieser beiden Bedingungen definiert werden.

Aus der Beschriftung der Kanten kann für jeden Präfix ein Energielevel berechnet werden, indem die Beschriftungen aller besuchten Kanten aufaddiert werden. Die mehrdimensionale Energiebedingung zu einer gegebenen Initialenergie fordert nun, dass kein im Spiel auftretender Energielevel eine negative Komponente enthält, wobei noch die Initialenergie addiert wird.

Dies wird zur (allgemeinen) Energiebedingung verallgemeinert, die nur fordert, dass eine passende Initialenergie existiert, zu der keine negativen Energielevel auftreten, diese Initialenergie also nicht vorgibt.

Definition 2.3.2. *Der Energielevel, der zu einer Zustandsfolge* $\rho = s_0 s_1 \ldots s_n$ *mit* $(s_i, s_{i+1}) \in E$ *für alle* $0 \leq i \leq n - 1$ *gehört, ist* $\mathrm{EL}(\rho) = \sum_{i=0}^{n-1} w(s_i, s_{i+1})$.

Sei $v_0 \in \mathbb{N}^k$ *als Initialenergie gegeben. Die Menge aller Spiele, die Spieler 1 gemäß der mehrdimensionalen Energiebedingung zur Initialenergie* v_0 *gewinnt, ist definiert als* $\mathrm{InitEnergy}_G(v_0) := \{\pi \in \mathrm{Plays}(G) \mid \forall n \in \mathbb{N} \colon v_0 + \mathrm{EL}(\pi(n)) \geq (0, \ldots, 0)\}$.

Die Menge $\mathrm{GeneralEnergy}_G := \{\pi \mid \exists v_0 \in \mathbb{N}^k \colon \pi \in \mathrm{InitEnergy}_G(v_0)\}$ *ist die Menge aller Spiele, die Spieler 1 gemäß der (allgemeinen) mehrdimensionalen Energiebedingung gewinnt.*

Die andere Gewinnbedingung ist die Paritätsbedingung. Sie betrachtet die Bewertung aller Zustände, die unendlich oft im Spiel besucht werden. Die Parität des Spiels ist nun der kleinste auftretende Wert. Ist die Parität gerade, so gewinnt Spieler 1.

Definition 2.3.3. *Zu einem Spiel* $\pi = s_0 s_1 \ldots$ *ist* $\mathrm{Inf}(\pi) := \{s \in S \mid \forall m \geq 0 \colon \exists n > m \colon s_n = s\}$ *die Menge aller Zustände, die während dieses Spiels unendlich oft besucht werden. Die* Parität *von* π *ist* $\mathrm{Par}(\pi) := \min\{p(s) \mid s \in \mathrm{Inf}(\pi)\}$.

Die Menge $\mathrm{Parity}_G := \{\pi \in \mathrm{Plays}(G) \mid \mathrm{Par}(\pi) \equiv 0 \pmod 2\}$ *definiert die Paritätsbedingung als Gewinnbedingung.*

Schließlich können noch beide Gewinnbedingungen kombiniert werden. In diesem Fall muss Spieler 1 sowohl gerade Parität, als auch nicht-negative Energielevel einhalten, um zu gewinnen.

Definition 2.3.4. *Die* Energie-Paritäts-Bedingung *ist* $\mathrm{GeneralEnergy}_G \cap \mathrm{Parity}_G$.

2.4 Beispiele zu Spielstrukturen, Spielen und Gewinnbedingungen

Nun werden Beispiele zu den vorherigen Definition vorgestellt. Diese Beispiele bauen alle auf der Spielstruktur $G_0 := (S_1, S_2, s_0, E, 2, w, p)$ auf. Hierbei gilt:

$$S_1 := \{s_0, s_1, s_4\}$$
$$S_2 := \{s_2, s_3\}$$
$$E := \{(s_0, s_1), (s_0, s_2), (s_1, s_2), (s_2, s_1), (s_2, s_3), (s_3, s_0), (s_2, s_4), (s_4, s_4)\}$$
$$w := \{((s_0, s_1), (0, 1)), ((s_0, s_2), (-1, -1)), ((s_1, s_2), (0, -1)), ((s_2, s_1), (1, 1)),$$
$$((s_2, s_3), (1, -1)), ((s_3, s_0), (-1, 1)), ((s_2, s_4), (0, -3)), ((s_4, s_4), (2, 2))\}$$
$$p := \{(s_0, 2), (s_1, 1), (s_2, 3), (s_3, 3), (s_4, 0)\}$$

Die Spielstruktur G_0 ist in Abbildung 2.1 dargestellt. Hierbei sind Zustände, die zu Spieler 1 gehören, als Kreis dargestellt und Zustände, die zu Spieler 2 gehören als Rechteck gezeichnet. In Zuständen steht oben jeweils der Name des Zustands und darunter dessen Bewertung. Kanten sind durch Pfeile gekennzeichnet und mit der zugehörigen Beschriftung beschriftet.

Auf dieser Spielstruktur sind viele Spiele möglich. Es folgen einige Beispiele, wobei diese jeweils aus einem endlichen Präfix bestehen auf den ein Teil folgt, der unendlich oft durch-

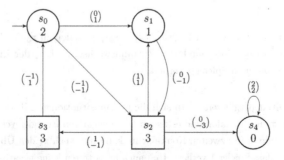

Abbildung 2.1: Beispiel für eine Spielstruktur.

laufen wird. Dies wird durch den Exponenten ω am entsprechenden Teil gekennzeichnet. Im Allgemeinen müssen Spiele nicht so regelmäßig aufgebaut sein.

$$\pi_0 := s_0(s_1 s_2)^\omega \qquad\qquad \pi_1 := s_0 s_1 s_2 s_4^\omega$$
$$\pi_2 := (s_0 s_2 s_3)^\omega \qquad\qquad \pi_3 := s_0(s_2 s_1)^\omega$$

Zu diesen Spielen kann nun jeweils noch die Parität bestimmt werden. Da es sich hier um sehr regelmäßige Spiele handelt, muss hierzu nur die kleinste Bewertung eines Zustandes in dem Teil bestimmt werden, der unendlich oft durchlaufen wird. Dies liefert $\mathrm{Par}(\pi_0) = 1$, $\mathrm{Par}(\pi_1) = 0$, $\mathrm{Par}(\pi_2) = 2$ und $\mathrm{Par}(\pi_3) = 1$

Da die Paritätsbedingung eine gerade Parität für das Spiel fordert, folgt somit $\pi_0 \notin \mathrm{Parity}_{G_0}$, $\pi_1 \in \mathrm{Parity}_{G_0}$, $\pi_2 \in \mathrm{Parity}_{G_0}$ und $\pi_3 \notin \mathrm{Parity}_{G_0}$. Spieler 1 gewinnt also nur die Spiele π_1 und π_2 bei dieser Gewinnbedingung.

Die mehrdimensionale Energiebedingung zu einer Initialenergie hängt zusätzlich zur Spielstruktur noch von eben dieser Initialenergie ab. Zunächst wird hier die Initialenergie $\binom{0}{0}$ betrachtet. In diesem Fall ist wegen $p(s_0, s_2) = \binom{-1}{-1}$ bereits ein negativer Energielevel erreicht, wenn als erster Zug in den Zustand s_2 gewechselt wird. Somit folgt direkt, dass $\pi_2 \notin \mathrm{InitEnergy}_{G_0}(\binom{0}{0})$ und $\pi_3 \notin \mathrm{InitEnergy}_{G_0}(\binom{0}{0})$.

Für das Spiel π_0 wird hingegen zunächst durch den Wechsel nach Zustand s_1 der Energielevel $\binom{0}{1}$ erreicht. Anschließend wird in der Schleife zwischen den Zuständen s_1 und s_2 die zweite Komponente des Energielevels abwechselnd erhöht und erniedrigt, während die erste Komponente nur erhöht wird. Hierbei wird nie ein negativer Energielevel erreicht, womit hier Spieler 1 nach der mehrdimensionalen Energiebedingung zur Initialenergie $\binom{0}{0}$ gewinnt.

Für das Spiel π_1 wird nach dem Präfix $\pi_1(2) = s_0 s_1 s_2$ analog zu π_0 der Energielevel $\binom{0}{0}$ erreicht. Als nächstes würde durch den Zustandswechsel nach s_4 der Energielevel $\binom{0}{-3}$ erreicht werden, wodurch Spieler 1 verliert.

Mir höherer Initialenergie verändern sich die Gewinnsituationen. Mit der Initialenergie $\binom{1}{3}$ verhält sich π_0 noch analog und es treten keine negativen Energielevel auf. Durch die zusätzliche Energie in der zweiten Komponente kann nun auch π_1 den Übergang nach s_4 vollziehen, ohne dass Spieler 1 verliert. Und auch in π_3 treten keine negativen Energielevel auf.

Sp 1 gewinnt?	Parity$_{G_0}$	InitEnergy$_{G_0}\binom{0}{0}$	InitEnergy$_{G_0}\binom{1}{3}$	GeneralEnergy$_{G_0}$
π_0	Nein	Ja	Ja	Ja
π_1	Ja	Nein	Ja	Ja
π_2	Ja	Nein	Nein	Nein
π_3	Nein	Nein	Ja	Ja

Tabelle 2.1: Zusammenfassung des Beispiels zu Gewinnbedingungen. Die Zeilen zeigen die verschiedenen Spiele, die Spalten die verschiedenen Gewinnbedingungen, die in diesem Abschnitt untersucht wurden. Ein „Ja"-Eintrag kennzeichnet, wenn das entsprechende Spiel unter der zugehörigen Gewinnbedingung von Spieler 1 gewonnen wird. Ansonsten gewinnt Spieler 2.

Nur im Spiel π_2 treten weiterhin negative Energielevel auf und Spieler 1 verliert. Dies wird sich auch mit höherer Initialenergie nicht ändern, da $EL(s_0s_2s_3s_0) = \binom{-1}{-1}$. Wie man leicht einsieht, bedeutet dies, dass bei jedem Durchlauf der Schleife im Spiel π_2 beide Komponenten des Energielevels um jeweils eins verringert werden. Somit wird immer irgendwann ein negatives Energielevel erreicht und dieses Spiel kann nicht nach der mehrdimensionalen Energiebedingung gewonnen werden.

Die Tabelle 2.1 fasst diese Ergebnisse zusammen. Hier kann auch abgelesen werden, dass nur π_1 nach Energie-Paritäts-Bedingung gewonnen wird, da dies das einzige Spiel ist, dass sowohl gemäß Paritäts- als auch nach Energiebedingung von Spieler 1 gewonnen wird.

2.5 Strategien

Strategien werden als Funktionen definiert, die zu jedem Präfix des Spielers einen gültigen Zug liefern. Die Spieler wählen ihre Züge durch Verfolgen einer Strategie.

Definition 2.5.1. *Zu einem Präfix $\rho \in \text{Prefs}(G)$ ist ein Zug $s \in S$ gültig, falls die Bedingung* $(\text{Last}(\rho), s) \in E$ *erfüllt ist. Eine Strategie für Spieler $i \in \{1, 2\}$ zu einer Spielstruktur G ist eine Funktion $\lambda_i \colon \text{Prefs}_i(G) \to S$, die nur gültige Züge liefert. Dies bedeutet, dass für alle Präfixe $\rho \in \text{Prefs}_i(G)$ der Zug $\lambda_i(\rho)$ gültig sein muss.*

Diese allgemeine Definition kann noch eingeschränkt werden. Falls eine Strategie nur endlich viele Informationen aus dem Präfix betrachtet, dann hat sie endliches Gedächtnis. Falls sie nur vom aktuellen Zustand am Ende des Präfixes abhängt, dann ist sie gedächtnislos.

Hierzu werden die allgemein bekannten Moore-Maschinen verwendet, die nach [Moo64] definiert sind, hier aber speziell nach [CRR12] verstanden werden.

Definition 2.5.2. *Eine Strategie λ_i hat endliches Gedächtnis, falls sie durch eine Moore-Maschine $\mathcal{M} = (M, m_0, \alpha_u, \alpha_n)$ repräsentiert werden kann. Hierbei ist M eine endliche Menge von Zuständen, die das Gedächtnis der Strategie repräsentieren, $m_0 \in M$ ist der Initialzustand, $\alpha_u \colon M \times S \to M$ ist eine Aktualisierungsfunktion (update function) und $\alpha_n \colon M \times S_i \to S$ ist die Folgeaktionsfunktion (next-action function).*

Bei einem Präfix, der im Zustand $s \in S_i$ endet, und aktuellem Gedächtniswert $m \in M$ wählt diese Strategie $s' = \alpha_n(m, s)$ als nächsten Spielzustand. Wenn das Spiel einen Zustand $s \in S$ verlässt, dann wird $m' = \alpha_u(m, s)$ der neue Gedächtniswert der Maschine.

Formal bedeutet dies, dass die Moore-Maschine die Strategie λ_i repräsentiert mit:

$$\forall \rho \in S^*, \; s \in S_i \colon \lambda_i(\rho \cdot s) := \alpha_n(\hat{\alpha}_u(m_0, \rho), s)$$

Hierbei wird α_u durch $\hat{\alpha}_u$ auf natürliche Weise für Zustandssequenzen erweitert, also:

$$\forall m \in M, \; s \in S \colon \hat{\alpha}_u(m, s) := \alpha_u(m, s)$$
$$\forall m \in M, \; \rho \in S^*, \; s \in S \colon \hat{\alpha}_u(m, \rho \cdot s) := \alpha_u(\hat{\alpha}_u(m, \rho), s)$$

Eine Strategie mit endlichem Gedächtnis heißt gedächtnislos, falls sie durch eine Moore-Maschine mit $|M| = 1$ repräsentiert werden kann.

Schließlich ist Λ_i die Menge aller Strategien für Spieler i. Analog sind $\Lambda_i^{PF} \subseteq \Lambda_i$ und $\Lambda_i^{PM} \subseteq \Lambda_i^{PF}$ die Mengen aller Strategien mit endlichem Gedächtnis (pure finite-memory) beziehungsweise aller gedächtnislosen Strategien (pure memoryless).

Nachdem nun Strategien eingeführt wurden, kann eine Verbindung zu Spielen hergestellt werden. Ein Spiel ist zu einer Strategie eines Spielers konsistent, wenn jeder Zug dieses Spielers dem Ergebnis der Strategie entspricht.

Falls für beide Spieler eine Strategie gegeben ist, dann ist das gesamte Spiel eindeutig bestimmt, da Strategien deterministisch arbeiten. Dieses Spiel wird dann das Resultat der beiden Strategien genannt.

Definition 2.5.3. *Ein Präfix* $\rho = s_0 s_1 \ldots s_n \in \text{Prefs}(G)$ *ist* konsistent *mit einer Strategie* λ_i *von Spieler* $i \in \{1, 2\}$, *falls für alle* $k \in \mathbb{N}$ *mit* $k < n$ *und* $s_k \in S_i$ *gilt, dass* $s_{k+1} = \lambda_i(s_0 s_1 \ldots s_k)$.

Ein Spiel π *ist* konsistent *mit einer Strategie* λ_i *von Spieler* $i \in \{1, 2\}$, *falls für alle* $n \in \mathbb{N}$ *der Präfix* $\pi(n)$ *konsistent mit* λ_i *ist.*

Zu zwei Strategien λ_1 *und* λ_2 *für Spieler 1 und Spieler 2 ist das* Resultat *das eindeutig bestimmte Spiel* $\text{Outcome}_G(\lambda_1, \lambda_2) := \pi$, *wobei* π *konsistent mit* λ_1 *und* λ_2 *sein muss.*

Schließlich ist eine Strategie eine Gewinnstrategie, wenn sie nicht geschlagen werden kann. Egal welche Strategie der gegnerische Spieler gegen eine Gewinnstrategie verfolgt, er verliert immer.

Definition 2.5.4. *Eine Strategie* $\lambda_1 \in \Lambda_1$ *ist eine* Gewinnstrategie *für Spieler 1 gemäß einer Gewinnbedingung* W, *wenn* $\forall \lambda_2 \in \Lambda_2\colon \text{Outcome}_G(\lambda_1, \lambda_2) \in W$. *Analog ist* $\lambda_2 \in \Lambda_2$ *eine Gewinnstrategie für Spieler 2, wenn* $\forall \lambda_1 \in \Lambda_1\colon \text{Outcome}_G(\lambda_1, \lambda_2) \notin W$.

2.6 Beispiele zu Strategien

Nun sollen einige Beispiele für Strategien angegeben werden. Hierzu wird die Spielstruktur G_0 aus Abbildung 2.2 verwendet. Auf dieser Spielstruktur werden nun verschiedene Strategien untersucht.

Allgemein kann beobachtet werden, dass nur in den Zuständen s_0 und s_2 überhaupt eine Auswahlmöglichkeit für den jeweiligen Spieler besteht. Alle anderen Zustände dieser Spielstruktur haben nur einen einzigen Nachfolger, der dann auch von jeder beliebigen Strategie gewählt werden muss.

Eine Strategie λ_1 für Spieler 1 auf der Spielstruktur könnte nun beispielsweise so definiert sein:

$$\lambda_1(\rho) := \begin{cases} s_1 & \text{falls } \text{Last}(\rho) = s_0 \\ s_2 & \text{falls } \text{Last}(\rho) = s_1 \\ s_4 & \text{falls } \text{Last}(\rho) = s_4 \end{cases}$$

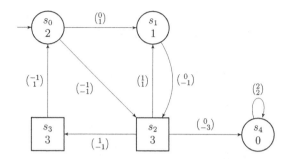

Abbildung 2.2: Wiederholung des Beispiels für eine Spielstruktur aus Abbildung 2.1.

Der Zug, den diese Strategie vorgibt, hängt nur vom letzten Zustand des bisher gespielten Präfix ab. Insbesondere wählt sie im Zustand s_0 immer den Nachfolger s_1. Somit wird die Kante (s_0, s_2) nicht verwendet.

Diese Strategie kann durch die Moore-Maschine $\mathcal{M} = (\{m_0\}, m_0, \alpha_u, \alpha_n)$ repräsentiert werden. Hierbei ist die Aktualisierungsfunktion die triviale Funktion $\forall s \in S \colon \alpha_u(m_0, s) := m_0$ und die Folgeaktionsfunktion ist im wesentlichen durch obiges λ_1 gegeben. Insbesondere wird das erste Argument ignoriert, da dieses immer m_0 ist.

Somit ist die Strategie λ_1 gedächtnislos. Dies trifft natürlich genau für die Strategien zu, die nur den letzten Zustand des Präfixes für die Auswahl eines Zuges benötigen.

Als nächstes folgt ein Beispiel für eine Strategie λ_2 für Spieler 2:

$$\lambda_2(\rho) := \begin{cases} s_0 & \text{falls } \mathrm{Last}(\rho) = s_3 \\ s_3 & \text{falls } |\rho| \equiv 0 \pmod{3} \\ s_1 & \text{falls } |\rho| \equiv 1 \pmod{3} \\ s_4 & \text{falls } |\rho| \equiv 2 \pmod{3} \end{cases}$$

Diese Strategie wählt im Zustand s_3 wieder die einzige, offensichtliche Möglichkeit. Im Zustand s_2 wird hingegen ein interessanterer Ansatz verfolgt. Es wird die Länge des bisher gespielten Präfixes betrachtet und anhand dem Rest bei Division durch drei einer der drei möglichen Züge ausgewählt.

Auch diese Strategie kann durch eine Moore-Maschine repräsentiert werden; sie hat also nur endliches Gedächtnis. Diese Maschine ist $\mathcal{M}' = (\{m_0, m_1, m_2\}, m_1, \alpha'_u, \alpha'_n)$ mit

$\forall s \in S: \alpha'_u(m_i, s) = m_{(i+1) \pmod 3}$ und passender Funktion α'_n, welche im Zustand s_2 anhand des aktuellen Maschinenzustands den nächsten Zug wählt.

Die Maschine $\mathcal{M}'$ zählt die Länge des Präfixes, wobei nach Länge 2 als nächstes zum Zustand für Länge 0 gewechselt wird. Es wird hier also die Division durch drei ausgeführt, wodurch das endliche Gedächtnis ausreicht.

Es folgt ein Beispiel für eine Strategie, die kein endliches Gedächtnis hat, da sie durch ihre Zustände bis unendlich zählt. Da Spieler 2 nur in s_2 eine Wahlmöglichkeit hat, muss nur dieser Zustand betrachtet werden. Beim ersten Besuch des Zustandes wird nach s_1 gewechselt. Der Gegenspieler muss nach s_2 zurückkehren. Als nächstes wird nach s_3 gezogen. Die Schleife $s_2 s_1 s_2$ wurde also einmal durchlaufen. Beim nächsten Besuch von s_2 wird diese Schleife zweimal durchlaufen, bevor s_3 ausgewählt wird. Dies wird so fortgesetzt und beim n-ten Besuch außerhalb einer dieser Schleifen wird die Schleife jeweils n-mal durchlaufen. Diese Strategie muss sich also den Wert von n merken können. Dies ist nicht mit endlichem Gedächtnis möglich.

Ein anderes Beispiel für eine Strategie, die kein endliches Gedächtnis hat, könnte auf der Dezimalbruchentwicklung von e basieren. Analog zur Strategie λ_2 wird die Länge i des Präfixes betrachtet. Für die Auswahl des nächsten Zuges wird dann die i-te Stelle von e herangezogen. Da e eine irrationale, transzendente Zahl ist und somit die Nachkommastellen keiner Systematik unterliegen, kann diese Strategie nicht durch eine Moore-Maschine repräsentiert werden.

Als nächstes spielen Spieler 1 und 2 mit den bereits definierten Strategien λ_1 und λ_2 gegeneinander. Das Resultat ist Outcome$_{G_0}(\lambda_1, \lambda_2) = s_0 s_1 s_2 (s_3 s_0 s_1 s_2 s_1 s_2)^\omega$.

Beim ersten Besuch des Zustands s_2 wurde bisher der Präfix $s_0 s_1 s_2$ gespielt. Dieser Präfix hat die Länge 3, womit Spieler 2 den Zustand s_3 wählt. Beim zweiten Auftreten dieses Zustands wurde der Präfix $s_0 s_1 s_2 s_3 s_0 s_1 s_2$ gespielt. Dessen Länge ist 7, womit als nächstes Zustand s_1 folgt. Zwei Züge später wurde ein Präfix der Länge 9 gespielt, womit Spieler 2 wieder s_3 wählt. Ab hier wiederholt sich das Spiel.

Wie man sieht ist λ_1 keine Gewinnstrategie für die Paritätsbedingung, da obiges Spiel Parität 1 hat und somit Spieler 2 gewinnt. Allerdings ist λ_1 eine Gewinnstrategie zur mehrdimensionalen Energiebedingung, wenn die Initialenergie mindestens $\binom{0}{3}$ beträgt.

Mit geringerer Initialenergie würde Spieler 1 sonst nach dem Präfix $\rho = s_0 s_1 s_2 s_4$ mit zugehörigem Energielevel $EL(\rho) = \binom{0}{-3}$ verlieren.

Auch ist λ_2 keine Gewinnstrategie für Spieler 2. Da die Energiebedingung bereits untersucht wurde[1], bleiben noch die Paritätsbedingung und die Energie-Paritäts-Bedingung. Nach Paritätsbedingung verliert Spieler 2 nach dem Präfix $s_0 s_2$, da die Strategie dann Zustand s_4 auswählt, der nicht wieder verlassen werden kann, womit das Spiel zwingend eine gerade Parität erhält und Spieler 1 gewinnt. Dasselbe ist auch mit der Energie-Paritäts-Bedingung möglich, wobei hier auch die Energiebedingung keine Probleme bereitet, wenn die Initialenergie ausreichend hoch ist.

---

[1] Wobei hier Spieler 2 gewinnt, falls die zweite Komponente der Initialenergie 0 ist. In diesem speziellen Fall ist λ_2 also doch eine Gewinnstrategie, aber eben nicht zur allgemeinen Energiebedingung.

3 Selbstüberdeckende Bäume

In diesem Abschnitt werden selbstüberdeckende Bäume eingeführt. Diese werden dann später im Korollar 4.5.4 zur Periodizität von Spielen und zur Vollständigkeit des Entscheidungsalgorithmus zur Energiebedingung in Lemma 6.2.5 benötigt. Dieses Kapitel führt also eine Struktur ein, die für spätere Beweise benötigt wird.

Die selbstüberdeckenden Bäume gerader Parität, die später noch eingeführt werden, wurden in [CRR12] definiert. Auf dieser Grundlage wurden die (allgemeinen) selbstüberdeckenden Bäume eingeführt. Die Beweisidee zu Lemma 3.3.1 stammt aus [CDHR10, Lemma 2].

3.1 Definition

Ein selbstüberdeckender Baum kann als eine Strategie mit endlichem Gedächtnis von Spieler 1 erläutert werden. Wie der Name nahelegt, handelt es sich um einen endlichen Baum, also einen Graphen. Die Knoten des Graphens bilden die Zustände der Strategie. Ein ausgezeichneter Knoten bildet die Wurzel des Baumes.

Jeder Knoten ist mit einem Zustand der Spielstruktur und einem Energielevelvektor beschriftet. Knoten, die mit Zuständen beschriftet sind, die zu Spieler 1 gehören, haben einen eindeutigen Nachfolger, der den durch die Strategie ausgewählten Zug repräsentiert. Bei Knoten, deren Zustände zu Spieler 2 gehören, gibt es für jeden im Spiel möglichen Zug einen passenden Nachfolger. Die Wurzel ist mit dem Initialzustand der Spielstruktur beschriftet. Auf diese Weise führt jeder zur entsprechenden Strategie konsistenter Präfix zu einem Zustand im Baum.

Die Wurzel ist mit dem Energielevelvektor $(0, \ldots, 0) \in \mathbb{N}^k$ beschriftet. Für jeden anderen Knoten beschreibt sein Energielevelvektor den tatsächlich im Spiel auftretenden Energielevel, also den Energielevel des Vorgängerknotens mit der mehrgewichtigen Beschriftung der zugehörigen Kante der Spielstruktur aufaddiert.

Die bisher beschriebene Konstruktion würde im Allgemeinen zu einem unendlich großen
Baum führen. Da der Baum jedoch endlich sein soll, gibt es zusätzlich Blätter, die
frühere Knoten des Baumes überdecken. Dies bedeutet, dass ein Blatt einen eindeutigen
Nachfolger hat, der mit demselben Zustand und einem geringeren oder identischem
Energielevel beschriftet ist. Die Idee hierbei ist, dass die Strategie, sobald sie ein Blatt
erreicht, automatisch in den früheren Knoten wechselt, ohne dass dies einem Zug in der
Spielstruktur entspricht.

Hierdurch wird der tatsächliche Energielevel im Spiel durch die Strategie im weiteren
Verlauf nicht korrekt abgebildet, sondern eventuell unterschätzt. Allerdings hat dies keine
negativen Auswirkungen auf den Sieg von Spieler 1, da, wenn er mit einer Energie $v \in \mathbb{N}^k$
gewinnen kann, auch ein Sieg mit der Energie $v + \delta$ zu einem beliebigen $\delta \in \mathbb{N}^k$ möglich
ist.

Definition 3.1.1. *Zu einer Spielstruktur* $G = (S_1, S_2, s_0, E, k, w, p)$ *ist ein* selbstüberdeckender Baum *ein endlicher Wurzelbaum* $T = (Q, \mathcal{Q}, R, r, \Theta)$ *mit endlicher Knotenmenge*
Q, *Blattmenge* $\mathcal{Q} \subseteq Q$, *Kantenmenge* $R \subseteq Q \times Q$, *Wurzel* $r \in Q$ *und Beschriftungsfunktion*
$\Theta \colon Q \to S \times \mathbb{Z}^k$. *Hierbei handelt es sich um einen gerichteten Baum in dem Sinne, dass*
$(Q, R \setminus \{(q, q') \mid q \in \mathcal{Q} \wedge q' \in Q\})$ *ein Baum ist. Von Blättern ausgehende Kanten dürfen*
also Kreise bilden.

Zu jedem Knoten $q \in Q$ *mit* $\Theta(q) = (s, u)$ *müssen noch folgende Bedingungen erfüllt sein:*

- *Die Wurzel* $q = r$ *des Baumes ist beschriftet mit* $s = s_0$ *und* $u = (0, \ldots, 0)$.

- *Falls* $s \in S_1$ *und* $q \notin \mathcal{Q}$, *dann hat* q *ein eindeutiges Kind*[1] $v \in Q$, *so dass* $\Theta(v) = (s', u')$ *mit* $(s, s') \in E$ *und* $u' = u + w(s, s')$.

- *Falls* $s \in S_2$ *und* $q \notin \mathcal{Q}$, *dann gibt es eine Bijektion zwischen Kindern von* q *und* *möglichen Zügen in der Spielstruktur im Zustand* s, *so dass es für jeden Nachfolger* $s' \in S$ *von* s *im Spiel ein Kind* $v \in Q$ *von* q *gibt mit* $\Theta(v) = (s', u')$ *und* $u' = u + w(s, s')$, *und umgekehrt.*

- *Falls* $q \in \mathcal{Q}$, *dann hat* q *ein eindeutiges Kind* $v \in Q \setminus \mathcal{Q}$ *mit* $\Theta(v) = (s', u')$, *so dass* $s = s'$ *und* $u' \leq u$ *gelten. Hierbei liegt* v *auf dem Weg*[2] *von* r *nach* q.

---

[1]Es gibt also einen eindeutigen Knoten $v \in Q$ mit $(q, v) \in R$.
[2]Es gibt also eine Kantenfolge $r = q_0, q_1, q_2, \ldots, q_n = q$ mit $(q_i, q_{i+1}) \in R$, $q_i \neq q_j$ falls $i \neq j$ und einem
$\quad 0 \leq i \leq n - 1$ mit $q_i = v$.

3.2 Beispiel

Für ein Beispiel zu einem selbstüberdeckenden Baum wird die Spielstruktur aus Abbildung 3.1 verwendet. Zu dieser Spielstruktur existiert unter anderem der selbstüberdeckende Baum $T_0 = (Q, \mathcal{Q}, R, q_0, \Theta)$ mit:

$$Q := \{q_0, q_1, q_2, q_3, q_4, q_5, q_6, q_7\}$$
$$\mathcal{Q} := \{q_3, q_5, q_7\}$$
$$R := \{(q_0, q_1), (q_1, q_2), (q_2, q_3), (q_3, q_1), (q_2, q_4), (q_4, q_5),$$
$$(q_5, q_0), (q_2, q_6), (q_6, q_7), (q_7, q_6)\}$$
$$\Theta := \{(q_0, s_0, 0, 0), (q_1, s_1, 0, 1), (q_2, s_2, 0, 0), (q_3, s_1, 1, 1), (q_4, s_3, 1, -1),$$
$$(q_5, s_0, 0, 0), (q_6, s_4, 0, -3), (q_7, s_4, 2, -1)\}$$

Dieses Beispiel ist auch in Abbildung 3.2 zu sehen. Der Graph zeigt die Knoten- und Kantenmenge des Baumes, wobei die drei untersten, rechteckigen Knoten die Blattmenge bilden. Die Wurzel q_0 ist durch einen Pfeil gekennzeichnet. Die Knoten sind jeweils links mit ihrem Zustand und rechts mit dem zugehörigen Vektor beschriftet.

Aus diesem selbstüberdeckenden Baumes kann nach dem Lemma 3.3.3, dass erst noch vorgestellt wird, eine Gewinnstrategie für Spieler 1 zur Energiebedingung konstruiert werden. Die Grundidee dieses Lemmas wurde bereits eingangs erläutert und besteht daran das eindeutige Kind eines Knoten im Baum als nächsten Zug zu verwenden.

Da Spieler 1 in der Spielstruktur G_0 nur im Zustand s_0 eine Wahlmöglichkeit hat, ist nur das Verhalten in diesem Zustand für die Beschreibung der Gewinnstrategie relevant. Der

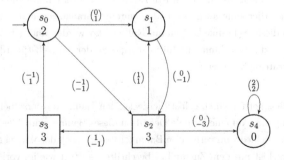

Abbildung 3.1: Wiederholung des Beispiels für eine Spielstruktur aus Abbildung 2.1.

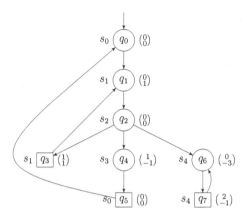

Abbildung 3.2: Beispiel für einen selbstüberdeckenden Baum zur Spielstruktur G_0 aus Abbildung 3.1.

einzige Zustand des Baumes, der mit s_0 beschriftet ist und kein Blatt ist, ist q_0. In diesem wird als nächstes in den Zustand q_1 gewechselt, der mit s_1 beschriftet ist. Es wird also immer der Nachfolger s_1 als Zug ausgewählt. Somit beschreibt dieser selbstüberdeckende Baum sogar eine gedächtnislose Gewinnstrategie.

Für diese Gewinnstrategie ist die Initialenergie $\binom{0}{3}$ ausreichend. Dies kann daran eingesehen werden, dass der kleinste Vektor, der als Beschriftung im Baum auftritt, der Vektor $\binom{0}{-3}$ am Zustand q_6 ist.

Es ist auch möglich, dass es keine eindeutige, minimale Beschriftung gibt, da Vektoren unvergleichbar sein können. In diesem Fall ist das elementweise Minimum der Beschriftungen ausreichend. Hier kann auch jede andere untere Schranke verwendet werden. Positive Komponenten dieser Schranke können auf Null gesetzt werden und der Absolutwert des entstandenen Vektors ist dann eine Initialenergie, zu der der selbstüberdeckende Baum eine Gewinnstrategie beschreibt.

Ein anderes Beispiel für einen selbstüberdeckenden Baum auf derselben Spielstruktur zeigt Abbildung 3.3. Auf eine formale Definition dieses Baumes wird hier verzichtet. Der wesentliche Unterschied zum vorherigen Baum tritt gleich nach der Wurzel auf. Das einzige Kind der Wurzel ist mit dem Zustand s_2 beschriftet, anstatt wie im vorherigen Beispiel mit s_1.

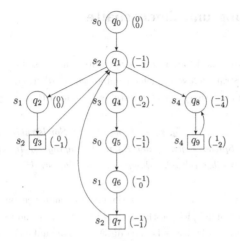

Abbildung 3.3: Ein weiteres Beispiel für einen selbstüberdeckenden Baum zur Spielstruktur G_0 aus Abbildung 3.1.

Dieser selbstüberdeckende Baum beschreibt eine Gewinnstrategie zur mehrgewichtigen Energiebedingung mit Initialenergie $\binom{1}{4}$.

Die Kreise in diesem Baum beschreiben auf der Spielstruktur G_0 die Zugfolgen $s_1 s_2 s_1$, $s_2 s_3 s_0 s_1 s_2$ und $s_4 s_4$. Dies sind dieselben Kreise wie im vorherigen Beispiel, wobei diesmal die Blätter anders auf den Kreisen platziert sind. Hieran sieht man, dass diese Strategie sich nach dem bereits erwähnten Unterschied zum Präfix s_0 anschließend identisch zur vorherigen Strategie verhält[3].

Da die Strategie im Zustand s_0 abhängig vom restlichen Präfix auf verschiedene Weisen weiter spielt, handelt es sich hier nicht um eine gedächtnislose Strategie, sondern nur um eine Strategie mit endlichem Gedächtnis.

---

[3]Auf dieser Spielstruktur müssen sogar alle Gewinnstrategien zur Energiebedingung für Spieler 1 diese Kreise beschreiben.

3.3 Anwendung und Eigenschaften

Nachdem nun selbstüberdeckende Bäume eingeführt wurden, soll der schon angedeutete Zusammenhang zu Strategien von Spieler 1 untersucht werden. Zunächst wird aus einer Gewinnstrategie auf die Existenz eines selbstüberdeckenden Baumes geschlossen.

Lemma 3.3.1. *Sei* $G = (S_1, S_2, s_0, E, k, w, p)$ *eine Spielstruktur und* $\lambda_1 \in \Lambda_1$ *eine Gewinnstrategie für Spieler 1 gemäß der Energiebedingung zur Initialenergie* v_0. *Dann existiert auch ein selbstüberdeckender Baum zu dieser Spielstruktur.*

Beweis: Die Idee dieses Beweises besteht darin, einen unendlichen Baum zu konstruieren, der alle mit λ_1 konsistenten Spiele beschreibt und dann jeden unendlich langen Pfad durch diesen Baum mit Hilfe von Dicksons Lemma durch ein Blatt auf endlich viele Zustände zu kürzen. Der von der Wurzel anschließend noch erreichbare Teil des unendlichen Baumes ist ein selbstüberdeckender Baum. Dieser Baum wird $T = (V'(B), \mathcal{Q}, E''(B), r, \Theta)$ sein.

Der unendliche Baum ist der Graph $B := (V(B), E(B))$, wobei $V(B) := \mathrm{Prefs}(G)$ und $E(B) := \{(\rho, \nu) \in V(B) \times V(B) \mid \nu = \rho \cdot \mathrm{Last}(\nu) \wedge (\rho \in \mathrm{Prefs}_1(G) \Rightarrow \mathrm{Last}(\nu) = \lambda_1(\rho))\}$. Zwischen zwei Präfixen besteht eine Kante, wenn in einem zu λ_1 konsistenten Spiel in einem Zug vom einem zum anderen Präfix gewechselt werden kann. Als Wurzel des Baumes wird der Präfix $r := s_0$ festgelegt. Da alle erreichbaren Präfixe zur Gewinnstrategie λ_1 konsistent sind, ist ihr zugehöriger Energielevel nicht negativ. Außerdem wird noch $\mathcal{Q} := \emptyset$ als vorläufige Blattmenge festgelegt.

Sei nun $r = \rho_0\rho_1 \ldots$ ein unendlicher Pfad durch diesen Baum, der in der Wurzel beginnt und unendlich viele, verschiedene Knoten des Baumes besucht. Es wird ein beliebiger Zustand $s \in \{s' \in S \mid \forall n \in \mathbb{N} \, \exists m \in \mathbb{N} \colon m > n \wedge s' = \mathrm{Last}(\rho_m)\}$ ausgewählt, der unendlich oft als letzter Zustand eines Präfixes auf diesem Pfad vorkommt.

Zu jedem Präfix ρ_j auf dem Pfad wird der zugehörige Energielevel $v_j := \mathrm{EL}(\rho_j)$ betrachtet. Da λ_i eine Gewinnstrategie zur Energiebedingung mit Initialenergie v_0 ist, sind die v_j nach unten durch $-v_0$ beschränkt. Aus dieser Folge wird nun eine Teilfolge v_{a_j} ausgewählt mit denjenigen Energieleveln, deren Präfix im Zustand s enden. Nach dem Lemma 2.1.1 von Dickson[4] gibt es in dieser Teilfolge nun zwei Elemente v_{a_k} und v_{a_l} mit $a_k < a_l$ und

---

[4]Das Lemma ist nicht direkt anwendbar, da die v_j nicht aus $\mathbb{N}^k$ sondern $\mathbb{Z}^k$ stammen. Allerdings sind sie, wie bereits beobachtet, nach unten beschränkt und können somit durch Addition von v_0 nach $\mathbb{N}^k$ verschoben werden. Dies ist für den Beweis ausreichend.

$v_{a_k} \leq v_{a_l}$. Dies bedeutet, dass ρ_{a_l} die Voraussetzungen für ein Blatt im selbstüberdeckenden Baum erfüllt und alle seine ausgehenden Kanten gelöscht werden können und eine Kante (ρ_{a_l}, ρ_{a_k}) hinzugefügt werden kann. Außerdem muss ρ_{a_l} noch in die Menge der Blätter $\mathcal{Q}$ aufgenommen werden.

Der betrachtete unendliche Pfad kann also durch einen Pfad ersetzt werden, der nur endlich viele Knoten des Baumes besucht. Dies kann für jeden beliebigen Pfad durch den Baum getan werden.

Anschließend wird $V'(B) \subseteq V(B)$ als die von der Wurzel $r = s_0$ aus erreichbare Teilmenge der Knotenmenge des Baumes definiert. Der konstruierte selbstüberdeckende Baum ist nun $T = (V'(B), \mathcal{Q}, E''(B), r, \Theta)$ mit $E''(B) := E'(B) \cap (V'(B) \times V'(B))$, $E'(B)$ der nach obiger Pfadersetzung konstruierte Kantenmenge, $\mathcal{Q}$ ebenfalls wie in der Pfadkonstruktion definiert und $\Theta(\rho) := (\text{Last}(\rho), \text{EL}(\rho))$. $\qquad\Box$

Korollar 3.3.2. *Sei $G = (S_1, S_2, s_0, E, k, w, p)$ eine Spielstruktur und $\lambda_1 \in \Lambda_1$ eine Gewinnstrategie für Spieler 1 gemäß der allgemeinen Energiebedingung. Dann existiert auch ein selbstüberdeckender Baum zu dieser Spielstruktur.*

Das nächste Lemma zeigt die umgekehrte Richtung. Aus einem selbstüberdeckenden Baum wird eine Gewinnstrategie für Spieler 1 konstruiert. Diese Strategie hat dabei nur endliches Gedächtnis.

Lemma 3.3.3. *Sei G eine Spielstruktur und $T = (Q, \mathcal{Q}, R, r, \Theta)$ ein selbstüberdeckender Baum zu dieser Spielstruktur. Dann existiert auch eine Gewinnstrategie mit endlichem Gedächtnis $\lambda_1 \in \Lambda_1^{PF}$ für Spieler 1 gemäß der Energiebedingung.*

Beweis: Die Beweisidee besteht darin, das Spiel anhand der zugehörigen Zustände im Baum zu verfolgen. Wenn Spieler 1 am Zug ist, dann wird der eindeutige Nachfolger des aktuellen Zustandes bestimmt und der Zustand, mit dem dieser beschriftet ist, als Zug ausgewählt. Blätter im Baum werden dabei übersprungen.

Die Strategie λ_1 wird durch die Moore-Maschine $\mathcal{M}_1 = (Q \setminus \mathcal{Q}, r, \alpha_u, \alpha_n)$ repräsentiert. Nach Voraussetzung ist Q endlich und somit auch $Q \setminus \mathcal{Q}$.

Hierbei ist $\alpha_u \colon (Q \setminus \mathcal{Q}) \times S \to (Q \setminus \mathcal{Q})$ so definiert, dass $\alpha_u(q, s)$ den nach Definition eines selbstüberdeckenden Baumes eindeutigen Nachfolger q' von q bestimmt, der mit

s beschriftet ist. Falls q' ein Blatt $q' \in Q$ ist, dann wird dessen eindeutiger Nachfolger bestimmt und als q' verwendet. Dieses q' ist dann der Funktionswert $\alpha_u(q, s) := q'$.

Hierauf aufbauend wird $\alpha_n \colon (Q \setminus \mathcal{Q}) \times S_i \to S$ definiert. Zu $\alpha_n(q, s)$ wird zunächst $q' := \alpha_u(q, s)$ bestimmt, $\Theta(q') = (s', u')$ ausgewertet und s' als Funktionswert geliefert.

Zu zeigen ist nun, dass dies wirklich eine Gewinnstrategie liefert. Hierzu wird gezeigt, dass die Beschriftung des aktuellen Zustandes der Strategie den Energielevel des bisher gespielten Präfixes zur Initialenergie $(0, \ldots, 0) \in \mathbb{N}^k$ nicht überschätzt. Da der selbstüberdeckende Baum endlich ist, sind diese Beschriftungen nach unten beschränkt und somit ist der absolute Wert dieser unteren Schranke eine Initialenergie, zu der keine negativen Energielevel auftreten können, womit Spieler 1 gewinnt.

Man sieht leicht, dass die Beschriftung des aktuellen Zustandes den tatsächlichen Energielevel des Spiels nicht überschätzt. Solange kein Blatt im Präfix erreicht wurde, ist nach Definition eines selbstüberdeckenden Baumes die Beschriftung des aktuellen Zustandes der exakte Energielevel im Spiel.

Falls ein Blatt besucht wird, wechselt die Strategie direkt in einen früheren Zustand, wobei dessen Beschriftung kleiner oder gleich der Beschriftung des Blattes ist. Somit wird bei diesem Schritt der Energielevel des Spieles nicht überschätzt. Anschließend werden wieder für das weitere Spiel die weiteren Änderungen des Energielevels verfolgt.

Da in jedem Schritt die Änderung des Energielevels an der Beschriftung des aktuellen Zustandes entweder exakt abgebildet wird oder unterschätzt wird, kann die Beschriftung in keiner Komponente größer werden als der tatsächliche Energielevel des Spiels. $\quad\square$

Aus den beiden vorherigen Lemmata ergibt sich das folgende Korollar, indem aus einer Gewinnstrategie zunächst ein selbstüberdeckender Baum konstruiert wird und aus diesem dann eine Gewinnstrategie mit endlichem Gedächtnis:

Korollar 3.3.4. *Sei G eine Spielstruktur und $\lambda_1 \in \Lambda_1$ eine Gewinnstrategie für Spieler 1 gemäß der Energiebedingung. Dann existiert auch eine Gewinnstrategie mit endlichem Gedächtnis $\lambda_1' \in \Lambda_1^{PF}$ für Spieler 1 gemäß der Energiebedingung.*

3.4 Selbstüberdeckende Bäume gerader Parität

Nachdem selbstüberdeckende Bäume eingeführt wurden, werden diese nun um eine Paritätseigenschaft erweitert. Diese Eigenschaft besagt im Wesentlichen, dass eine Strategie, die nach diesem Baum spielt, auch nach der Paritätsbedingung eine Gewinnstrategie ist.

Definition 3.4.1. *Ein* selbstüberdeckender Baum gerader Parität *zu einer Spielstruktur* $G = (S_1, S_2, s_0, E, k, w, p)$ *ist ein selbstüberdeckender Baum* $T = (Q, \mathcal{Q}, R, r, \Theta)$, *bei dem zusätzlich noch jeder Kreis* $q = q_0 q_1 \ldots q_n = q$ *gerade Parität hat. Gerade Parität bedeutet, dass jeder solcher Kreis* $\min\{p(s) \mid \exists 0 \leq i \leq n \colon \Theta(q_i) = (s, u)\} \equiv 0 \pmod 2$ *erfüllt.*

Es folgen zwei Lemmata, die analog zu den beiden Lemmata zu allgemeinen selbstüberdeckenden Bäume den Zusammenhang zu Gewinnstrategien gemäß der Energie-Paritäts-Bedingung herstellen.

Zunächst wird gezeigt, dass aus einer solchen Gewinnstrategie ein selbstüberdeckender Baum gerader Parität konstruiert werden kann.

Lemma 3.4.2. *Sei* $G = (S_1, S_2, s_0, E, k, w, p)$ *eine Spielstruktur und* $\lambda_1 \in \Lambda_1$ *eine Gewinnstrategie für Spieler 1 gemäß der Energie-Paritäts-Bedingung. Dann existiert auch ein selbstüberdeckender Baum gerader Parität zu dieser Spielstruktur.*

Beweis: Der Beweis funktioniert analog zum Beweis von Lemma 3.3.1, der eine ähnliche Aussage zeigte. Es fehlt nur noch, dass beim Einführen eines Blattes die Parität eingehalten wird. Hierfür wird zu jedem unendlichen Pfad noch dessen Parität betrachtet und erst nach einem Zustand, der diese minimale Bewertung einhält, darf ein Blatt eingeführt werden, dessen ausgehende Kante vor diesen Zustand führt.

Da im dortigen Beweis im wesentlichen Dicksons Lemma benutzt wurde und gerade nur ein endlicher Präfix des Pfades ausgeschlossen wurde, kann auf gleiche Weise der restliche Beweise nachvollzogen werden. $\square$

Im nächsten Lemma wird gezeigt, dass aus einem selbstüberdeckenden Baum gerader Parität eine Gewinnstrategie zur Energie-Paritäts-Bedingung konstruierbar ist.

Lemma 3.4.3. *Sei G eine Spielstruktur und $T = (Q, Q, R, r, \Theta)$ ein selbstüberdeckender Baum gerader Parität zu dieser Spielstruktur. Dann existiert auch eine Gewinnstrategie mit endlichem Gedächtnis $\lambda_1 \in \Lambda_1^{PF}$ für Spieler 1 gemäß der Energie-Paritäts-Bedingung.*

Beweis: Die zu verwendende Konstruktion ist identisch zu Lemma 3.3.3. Durch die zusätzliche Paritätseigenschaft im selbstüberdeckenden Baum wird dafür gesorgt, dass die Strategie auch eine Gewinnstrategie gemäß der Paritätsbedingung ist. □

Indem nun zu einer beliebigen Gewinnstrategie für Spieler 1 gemäß der Energie-Paritäts-Bedingung zunächst ein selbstüberdeckender Baum gerader Parität und dann aus diesem eine Gewinnstrategie mit endlichem Gedächtnis konstruiert wird, folgt, dass für Spieler 1 Strategien mit endlichem Gedächtnis ausreichen, um nach der Energie-Paritäts-Bedingung zu gewinnen.

Korollar 3.4.4. *Sei G eine Spielstruktur und $\lambda_1 \in \Lambda_1$ eine Gewinnstrategie für Spieler 1 gemäß der Energie-Paritäts-Bedingung. Dann existiert auch eine Gewinnstrategie mit endlichem Gedächtnis $\lambda_1' \in \Lambda_1^{PF}$ für Spieler 1 gemäß der Energie-Paritäts-Bedingung.*

Nun wird noch eine für die Reduktion in Kapitel 5 essenzielle Eigenschaft der aus solchen Strategien resultierenden Spiele gezeigt:

Lemma 3.4.5. *Sei G eine Spielstruktur, T ein selbstüberdeckender Baum gerade Parität zu dieser Spielstruktur, ℓ die Tiefe des Baumes[5] und $\lambda_1 \in \Lambda_1^{PF}$ eine Gewinnstrategie mit endlichem Gedächtnis nach Lemma 3.4.3 zu T. Dann werden in jedem Spiel π, das konsistent zu λ_1 ist, höchstens für $\ell - 1$ Züge hintereinander Zustände s mit ungeradem $p(s)$ besucht, bevor ein Zustand s mit gerader Bewertung $p(s)$ besucht wird, die kleiner als die ungeraden, vorher besuchten Bewertungen ist.*

Beweis: Angenommen es gibt ein Spiel π, das konsistent zu λ_1 ist und in dem für mindestens ℓ Züge kein entsprechender Zustand besucht wird. Dann hat die Strategie auch mindestens[6] ℓ Knoten des Baumes als aktuellen Maschinenzustand verwendet. Da ℓ die Tiefe des Baumes ist, muss also mindestens ein Blatt besucht worden sein. Dieses Blatt hat einen bereits im Spiel besuchten Knoten als Nachfolger und dieser Nachfolger muss auch schon innerhalb dieser ℓ Züge besucht worden sein.

---

[5]Die Tiefe ist die Länge des längsten Pfad, der in der Wurzel beginnt und jeden Zustand höchstens ein Mal besucht.

[6]Wegen der Blätter können dies auch mehr Knoten sein.

Somit muss das Spiel mindestens einen Kreis im selbstüberdeckenden Baum durchlaufen haben. Nach Definition eines selbstüberdeckenden Baum gerader Parität muss dieser Kreis gerade Parität haben, was ein Widerspruch dazu ist, dass kein passender Zustand besucht wurde. □

Schließlich wird zum Ende des Kapitels noch auf folgendes Lemma zur Tiefe eines selbstüberdeckenden Baumes verwiesen:

Lemma 3.4.6. *Sei $G = (S_1, S_2, s_0, E, k, w, p)$ eine Spielstruktur, wobei $W \in \mathbb{N}$ das maximale absolute Gewicht, das an einer Kante auftaucht, und d der Verzweigungsfaktor des Graphen von G ist, also die höchste Anzahl an Nachfolgern, die ein Zustand hat. Außerdem existiere für Spieler 1 eine Gewinnstrategie auf G.*

Dann existiert ein selbstüberdeckender Baum gerader Parität zu G, dessen Tiefe ℓ, also die Länge des längsten in der Wurzel r beginnenden Pfad, der keinen Zustand doppelt besucht und in einem Blatt $q \in \mathcal{Q}$ endet, höchstens $\ell \leq 2^{(d-1)\cdot|S|} \cdot (W \cdot |S| + 1)^{c \cdot k^2}$ ist, wobei c eine von G unabhängige Konstante ist.

Beweis: Der Beweis findet sich in [CRR12, Lemma 3] und wird hier aus Platzgründen nicht wiederholt. □

Dieses Lemma gilt wahrscheinlich analog auch für die Energiebedingung und allgemeine selbstüberdeckende Bäume, da selbstüberdeckende Bäume gerader Parität nur zusätzliche Einschränkungen hinzufügen. Insbesondere ist jeder selbstüberdeckender Baum gerader Parität auch ein allgemeiner selbstüberdeckender Baum. Allerdings kann es Spielstrukturen geben, auf denen ein selbstüberdeckender Baum existiert, aber kein selbstüberdeckender Baum gerader Parität, weshalb dies nicht sofort allgemein behauptet werden kann.

Zusammen mit dem vorherigen Lemma 3.4.5 liefert dies eine Eigenschaft zur Regularität von Spielen nach der Energie-Paritäts-Bedingung.

4 Eigenschaften von Gewinnstrategien

Im vorherigen Abschnitt wurden selbstüberdeckende Bäume genutzt um zu zeigen, dass für Spieler 1 Strategien mit endlichem Gedächtnis ausreichen, um gemäß der Energie- und der Energie-Paritäts-Bedingung zu gewinnen.

In diesem Kapitel werden ähnliche Aussagen für Spieler 2 und für die Paritätsbedingung gezeigt. Außerdem geht es darum, ob überhaupt immer für einen der Spieler eine Gewinnstrategie existieren muss.

4.1 Defensive Strategien

Zunächst wird untersucht, ob es zu einer Gewinnbedingung möglich ist, dass keiner der beiden Spieler eine Gewinnstrategie hat. Diese Frage wird hier noch nicht endgültig beantwortet, aber es werden die nötigen Voraussetzungen für die folgenden Abschnitte geschaffen. Dieser Abschnitt basiert auf [Kho10, Kapitel 3]. Dort wird eine allgemeinere Art von unendlichen Spielen mit defensiven Strategien untersucht.

Zunächst wird definiert, wie eine solche Gewinnbedingung heißt:

Definition 4.1.1. *Eine Gewinnbedingung W heißt determiniert, wenn zu jeder beliebigen Spielstruktur entweder Spieler 1 oder Spieler 2 eine Gewinnstrategie nach dieser Gewinnbedingung besitzt.*

Zu einer nicht-determinierten Gewinnbedingung besitzt nun keiner der Spieler eine Gewinnstrategie. Trotzdem kann es sein, dass einer der Spieler gewinnt, wenn der andere einen „Fehler" macht. Dies wird nun in der nächsten Definition ausgeschlossen. In ihr wird festgelegt, dass der Gegenspieler auch nach endlich vielen Zügen für das verbleibende Spiel keine Gewinnstrategie besitzen darf.

Definition 4.1.2. *Sei G eine Spielstruktur, $W \subseteq \text{Plays}(G)$ eine Gewinnbedingung und λ eine Strategie von Spieler i. Wenn zu jedem beliebigem Präfix ρ, der zu λ konsistent ist, Spieler $3 - i$ keine Gewinnstrategie in $G(\text{Last}(\rho))$ zur Gewinnbedingung $\{\eta \in \text{Plays}(G(\text{Last}(\rho))) \mid \rho\eta \in W\}$ hat, dann heißt λ eine* defensive *Strategie.*

Nun kann ein erster Zusammenhang zwischen Gewinnstrategien und defensiven Strategien gezeigt werden.

Hier ist es offensichtlich, dass Gewinnstrategien bereits defensive Strategien sind, da der Gegenspieler nicht auch eine Gewinnstrategie besitzen kann. Andernfalls würde der Widerspruch auftreten, dass beide Spieler gewinnen müssten.

Der andere Fall, dass der Gegenspieler keine Gewinnstrategie besitzt, wird im nächsten Lemma untersucht.

Lemma 4.1.3. *Sei G eine Spielstruktur und $W \subseteq \text{Plays}(G)$ eine Gewinnbedingung. Falls Spieler i keine Gewinnstrategie hat, dann muss für Spieler $3 - i$ eine defensive Strategie existieren.*

Beweis: Mit jedem Präfix muss es einen Zug geben, der verhindert, dass der Gegenspieler gewinnt. Andernfalls könnte der Gegenspieler zu jedem beliebigen Zug eine passende Antwort finden, die zu seinem Sieg führt, und somit hätte er eine Gewinnstrategie. Nach Voraussetzung kann er aber keine solche haben. $\square$

4.2 Eigenschaften von Strategien zur Energiebedingung

In Spielen, die nach der Energiebedingung entschieden werden, reicht es für Spieler 1 bereits defensiv zu spielen, damit er gewinnt. Für Spieler 2 wird sich zeigen, dass er nur gedächtnislose Strategien braucht um zu gewinnen, falls er überhaupt gewinnen kann. In Spielen nach der Energiebedingung mit Initialenergie ist dies nicht der Fall.

Zunächst wird der Zusammenhang mit defensiven Strategien untersucht. Auch diese Beweisidee stammt aus [Kho10, Definition 3.2.1 und Theorem 3.2.2], wird hier aber im speziellen Zusammenhang mit der Energiebedingung vorgestellt und angewendet.

Lemma 4.2.1. *Falls Spieler 1 in einer Spielstruktur G zur Energiebedingung eine defensive Strategie besitzt, dann ist dies bereits eine Gewinnstrategie.*

Beweis: Sei λ_1 eine defensive Strategie für Spieler 1. Es soll gezeigt werden, dass dies dann bereits eine Gewinnstrategie ist. Sei λ_2 eine beliebige Strategie für Spieler 2. Es muss gezeigt werden, dass das Spiel π, dass aus diesen beiden Strategien resultiert, von Spieler 1 gewonnen wird.

Angenommen dieses Spiel würde von Spieler 1 verloren werden. Dann gibt es unabhängig von der Initialenergie in π immer eine Situation, in der der Energielevel negativ wird. Damit hat Spieler 2 in dieser Situation eine triviale Gewinnstrategie, indem er irgendwie weiter spielt, da sein Gegner das Spiel bereits verloren hat. Dies ist ein Widerspruch dazu, dass Spieler 1 eine defensive Strategie benutzt, da es hier nie Gewinnstrategien für den Gegenspieler gibt. Somit kann Spieler 1 nicht verlieren und λ_1 ist eine Gewinnstrategie. $\square$

Korollar 4.2.2. *Falls Spieler 1 in einer Spielstruktur G zur Energiebedingung mit Initialenergie v_0 eine defensive Strategie besitzt, dann ist diese Strategie bereits eine Gewinnstrategie.*

Anhand des vorherigen Lemmas kann nun gezeigt werden, dass die Energiebedingung determiniert ist, was intuitiv leicht angenommen wird, jedoch nicht ganz einfach zu zeigen war.

Satz 4.2.3. *Die Energiebedingung ist determiniert.*

Beweis: Zu zeigen ist, dass Spieler 1 genau dann eine Gewinnstrategie besitzt, wenn für Spieler 2 keine existiert.

Falls Spieler 2 keine Gewinnstrategie besitzt, dann existiert nach Lemma 4.1.3 für Spieler 1 eine defensive Strategie. Diese ist eine Gewinnstrategie gemäß Lemma 4.2.1.

Falls Spieler 2 eine Gewinnstrategie besitzt, dann kann Spieler 1 nicht auch noch eine Gewinnstrategie besitzen, da das aus diesen beiden Strategien resultierende Spiel nur von einem der Spieler gewonnen werden kann. $\square$

Korollar 4.2.4. *Die mehrdimensionale Energiebedingung zur Initialenergie v_0 ist determiniert.*

Nun folgt die wesentliche Aussage dieses Abschnittes, die es erlaubt, Spieler 2 auf gedächtnislose Strategien einzuschränken, ohne seine Gewinnchancen zu verändern. Die
grundlegende Beweisidee stammt aus [CD10, Lemma 3] und wurde hier für Spielstrukturen
mit $k > 1$ verallgemeinert[1].

Lemma 4.2.5. *Sei $G = (S_1, S_2, s_0, E, k, w, p)$ eine Spielstruktur auf der Spieler 1 nach
der mehrdimensionalen Energiebedingung verliert. Dann existiert zu dieser Gewinnbedingung eine gedächtnislose Gewinnstrategie $\lambda_2 \in \Lambda_2^{PM}$ für Spieler 2.*

Beweis: Nach Voraussetzung und da die Energiebedingung determiniert ist, existiert eine
Gewinnstrategie für Spieler 2. Zu zeigen ist, dass auch eine gedächtnislose Gewinnstrategie
gefunden werden kann.

Ohne Beschränkung der Allgemeinheit habe jeder Zustand der Spielstruktur höchstens
zwei Nachfolger[2]. Nun wird eine Induktion über die Anzahl n der Zustände durchgeführt,
die zu Spieler 2 gehören und zwei Nachfolger haben.

Induktionsanfang: Für $n = 0$ hat jeder Zustand von Spieler 2 nur einen einzigen Nachfolger. Somit gibt es auch keine Wahlmöglichkeit für diesen Spieler und die einzige mögliche
Strategie besteht darin, den eindeutigen Nachfolger des aktuellen Zustandes als Zug aus-
zuwählen. Dies ist gedächtnislos möglich. Da Spieler 1 keine Gewinnstrategie besitzt und
die Energiebedingung determiniert ist, muss dies eine Gewinnstrategie liefern.

Induktionsvoraussetzung: Sei die Aussage nun für alle Spielstrukturen gezeigt, die
höchstens $n \in \mathbb{N}$ Zustände haben, die zu Spieler 2 gehören und mehr als einen Nachfolger
besitzen, wobei n beliebig, aber fest gewählt ist.

Induktionsschritt: Es wird eine beliebige Spielstruktur G mit $n + 1$ Zuständen, die zu
Spieler 2 gehören und mehr als einen Nachfolger besitzen, betrachtet. In dieser Spielstruktur
wird ein solcher Zustand als $s \in S_2$ gewählt. Seine beiden Nachfolger sind $s_1 \in S$ und
$s_2 \in S$.

---

[1]Trotzdem zitieren einige Quellen dieses Lemma auch für mehrdimensionale Spielstrukturen.
[2]Ein Zustand mit mehr als zwei Nachfolgern kann in mehrere Zustände zerlegt werden, die alle höchstens
zwei Nachfolger haben und die alle zum gleichen Spieler gehören. Wechsel zwischen diesen Zuständen
finden ohne Veränderung des Energielevels statt. Auf diese Weise sind dann schließlich beliebig viele
Nachfolger simulierbar.

Jetzt entstehen für $i = 1, 2$ die Spielstrukturen G_i aus G durch Entfernen der Kante (s, s_{3-i}). Auf G_i muss im Zustand s also immer der einzige verbleibende Nachfolger s_i von s gewählt werden. Dies entspricht einer Strategie, die sich im Zustand s gedächtnislos verhält. Auf diesen Spielstrukturen wird nun untersucht, ob der Gegenspieler, also Spieler 1, eine Gewinnstrategie besitzt. Es treten mehrere mögliche Fälle auf, wobei jedes mal benutzt werden kann, dass die beiden G_i nur n entsprechende Zustände haben und somit die Induktionsvoraussetzung anwendbar ist.

Nun wird unterschieden, ob Spieler 1 auf höchstens einer der beiden Spielstrukturen oder auf beiden eine Gewinnstrategie besitzt.

Fall 1: Spieler 1 besitzt auf höchstens einer der beiden Spielstruktur eine Gewinnstrategie, aber nicht auf beiden. Ohne Beschränkung der Allgemeinheit existiere auf G_1 keine Gewinnstrategie.

Nach Satz 4.2.3 gibt es dann auf dieser Spielstruktur für Spieler 2 eine Gewinnstrategie. Nach Induktionsvoraussetzung existiert dann auch eine gedächtnislose Gewinnstrategie $\lambda_1 \in \Lambda_2^{\mathrm{PF}}$ für Spieler 2.

Diese Strategie ist nun auch eine Strategie auf G. Insbesondere wird im Zustand s immer der Nachfolger s_1 gewählt. Somit wird durch diese Strategie auf G ein Spiel erzwungen, das auch ein Spiel auf G_1 ist. Da λ_1 dort gewinnt, muss diese Strategie auch auf G gewinnen. Dies ist also die gesuchte, gedächtnislose Gewinnstrategie für Spieler 2.

Fall 2: Spieler 1 besitzt Gewinnstrategien λ_i auf den beiden Spielstrukturen G_i zu den Initialenergien v_0^i für $i = 1, 2$.

Genauer gesagt bedeutet eine Gewinnstrategie λ_1 auf beispielsweise G_1, dass Spieler 1 gegen Strategien von Spieler 2 gewinnen kann, die in s immer den Nachfolger s_1 wählen. Analoges gilt auf G_2 mit λ_2. Dies wären Strategien, die sich im Zustand s gedächtnislos verhalten.

Aus diesen beiden Strategien wird nun eine Strategie für Spieler 1 konstruierte, die auch gewinnt, wenn Spieler 2 beliebig zwischen s_1 und s_2 auswählt, also eine allgemeine Strategie verwendet. Sobald diese Konstruktion eine Gewinnstrategie liefert, ergibt sich ein Widerspruch zur Voraussetzung, dass Spieler 1 verliert, also keine Gewinnstrategie für ihn existiert.

Die Idee besteht darin, dass Spieler 1 mit der Strategie λ_1 auf G_1 spielt. Falls Spieler 2 den Nachfolger s_2 von s auswählt, ist dies auf G_1 nicht mehr möglich. In diesem Fall wird auf die Gewinnstrategie λ_2 gewechselt und weitergespielt. Analog wird bei einer anschließenden Wahl von s_1 vorgegangen.

Es treten nun wieder zwei Fälle auf, je nachdem ob der Zustand s in einem Spiel mit Strategie λ_2 erreichbar ist.

Fall 2.1: Es gibt mindestens einen Präfix $\rho_0 \in \{\rho \in \mathrm{Prefs}(G_2) \mid \mathrm{Last}(\rho) = s \wedge \exists \lambda \in \Lambda_2 : \mathrm{Outcome}_{G_2}(\lambda_2, \lambda)(|\rho|) = \rho\}$, der im Zustand s endet und der konsistent zur Strategie λ_2 von Spieler 1 ist. Das zugehörige Energielevel ist $v_0^\rho := v_0^2 + \mathrm{EL}(\rho_0)$.

Nun wird die Strategie λ_G für Spieler 1 zur Initialenergie $v_0 := v_0^1 + v_0^\rho$ definiert, mit der er auf G gewinnt. Diese Strategie arbeitet mit unendlichem Gedächtnis, wobei die Gedächtniswerte Tupel aus der Menge $\{1, 2\} \times \mathrm{Prefs}(G_1) \times \mathrm{Prefs}(G_2)$ sind. Formal ist dies wegen des unendlichen Gedächtnis keine Moore-Maschine, trotzdem wird das Verhalten dieser Strategie im Folgenden durch Aktualisierungs- und Folgeaktionsfunktion definiert.

Diese Strategie teilt das bisherige Spiel in je einen Präfix zu G_1 und G_2 auf. Die erste Komponente des Tupel zeigt an, nach welcher Strategie gerade gespielt wird. Der Initialzustand der Strategie ist $(1, s_0, \rho_0)$.

Die Folgeaktionsfunktion wählt den nächsten Spielzug anhand der aktuellen Strategie und dem zugehörigen Teilpräfix aus:

$$\alpha_n((i,\, \rho,\, \eta),\, s) := \begin{cases} \lambda_1(\rho s) & \text{falls } i = 1 \\ \lambda_2(\eta s) & \text{falls } i = 2 \end{cases}$$

Die Wechsel zwischen den beiden Strategien geschieht durch die Aktualisierungsfunktion. Zu einem aktuellen Zustand (i, ρ, η) gibt es hier verschieden Möglichkeiten. Falls das Spiel nicht den Zustand s verlässt, dann wird weiterhin gemäß λ_i weitergespielt und nur der entsprechende Präfix im Zustand erweitert. Andernfalls wird gemäß der Strategie zum jeweiligen Nachfolger von s weitergespielt.

$$\alpha_u((i,\,\rho,\,\eta),\,s') := \begin{cases} (1,\,\rho s',\,\eta) & \text{falls } i = 1 \text{ und } s' \notin \{s_1,\,s_2\} \text{ oder falls } s' = s_1 \\ (2,\,\rho,\,\eta s') & \text{falls } i = 2 \text{ und } s' \notin \{s_1,\,s_2\} \text{ oder falls } s' = s_2 \end{cases}$$

Zu jeder Zeit lässt sich der aktuelle Energielevel im Spiel in die beiden Teile für G_1 und G_2 aufteilen. Anfangs steht für G_1 die Energie v_0^1 zur Verfügung und für G_2 die Energie v_0^ρ. Nach jedem Zug bleibt dies erhalten.

Sollte die oben konstruierte Strategie verlieren, dann wurde auch ein zur Strategie λ_i konsistenter Präfix gefunden, der zu einem Sieg des Gegenspielers führt. Dies ist ein Widerspruch dazu, dass λ_1 und λ_2 Gewinnstrategien sind.

Somit muss λ_G eine Gewinnstrategie zur mehrdimensionalen Energiebedingung mit Initialenergie v_0 für Spieler 1 auf G, und daher auch zur allgemeinen mehrdimensionalen Energiebedingung, sein. Dies ist ein Widerspruch zur Voraussetzung, dass für Spieler 1 keine Gewinnstrategie existiert.

Aus diesem Widerspruch folgt, dass die Annahme, dass Spieler 1 auf G_1 und G_2 Gewinnstrategien besitzt, falsch war. Somit kann dieser Fall nicht auftreten.

Fall 2.2: Es gibt keinen Präfix, der im Zustand s endet und der konsistent zur Strategie λ_2 von Spieler 1 ist. In diesem Fall ist λ_2 bereits eine Gewinnstrategie auf G für Spieler 1, da auf G zur Strategie λ_2 genau die gleichen Spiele wie auf G_2 möglich sind und λ_2 hier eine Gewinnstrategie ist.

Analog zum Fall 2.1 ist dies ein Widerspruch zur Voraussetzung, dass auf G für Spieler 1 keine Gewinnstrategie existiert. Somit kann Fall 2 nicht eintreten und die Aussage aus Fall 1 trifft immer zu. □

Im vorherigen Lemma wird eine Aussage über die mehrdimensionale Energiebedingung getroffen. Diese ist nicht zu verwechseln mit der mehrdimensionalen Energiebedingung *zu einer Initialenergie*.

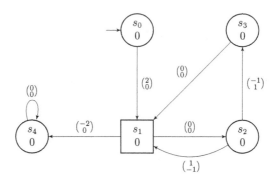

Abbildung 4.1: Eine Spielstruktur, auf der Spieler 2 keine gedächtnislose Gewinnstrategie zur mehrdimensionalen Energiebedingung mit Initialenergie $\binom{0}{0}$ besitzt. Diese Abbildung basiert auf [CDHR10, Fig. 1].

Dieser Unterschied soll durch Abbildung 4.1 verdeutlicht werden. Diese Abbildung zeigt eine Spielstruktur[3], auf der Spieler 1 nur im Zustand s_2 aus verschiedenen Zügen wählen kann und Spieler 2 nur im Zustand s_1. Zur Initialenergie $\binom{0}{0}$ besitzt Spieler 2 hier eine Gewinnstrategie, aber keine gedächtnislose Gewinnstrategie.

Damit Spieler 2 gewinnt wählt er den Nachfolger s_2 von s_1 aus. Spieler 1 kann nun zwischen s_1 und s_3 wählen, wobei der aktuelle Energielevel $\binom{2}{0}$ ist. Falls er s_1 zieht, wird $\binom{3}{-1}$ erreicht und Spieler 1 verliert nach Energiebedingung. Wenn er hingegen nach s_3 zieht, dann wird der Zustand s_1 mit Energielevel $\binom{1}{1}$ erreicht und Spieler 2 kann gewinnen, indem er nach s_4 zieht. Der bisher gespielte Präfix ist in diesem Fall $s_0 s_1 s_2 s_3 s_1 s_4$ mit Energielevel $\binom{-1}{1}$. Spieler 2 besitzt also eine Gewinnstrategie.

Falls Spieler 2 auf gedächtnislose Strategien eingeschränkt ist, dann gewinnt Spieler 1. Dies liegt daran, dass er dann immer denselben Nachfolger von s_1 wählen muss. Falls dies s_4 ist, führt dies zum Spiel $s_0 s_4^\omega$. Falls Spieler 2 s_2 wählt, dann gewinnt Spieler 1 mit $s_0 (s_1 s_2 s_3 s_1 s_2)^\omega$. Spieler 1 wählt also abwechselnd die beiden Nachfolger von s_2.

Außerdem ist zu sagen, dass diese Situation auf dieser Spielstruktur nur mit der Initialenergie $\binom{0}{0}$ auftritt. Zu jeder höheren Initialenergie hat Spieler 2 keine Gewinnstrategie. Somit gewinnt Spieler 1 nach der (allgemeinen) mehrdimensionalen Energiebedingung. Aus diesem Beispiel folgt:

---

[3]In dieser Spielstruktur ist der Zustand s_3 eigentlich überflüssig, da dies äquivalent zu einer Kante wäre, die direkt nach s_1 führt. Allerdings erlaubt die Definition einer Spielstruktur keine Mehrfachkanten, weshalb dieser zusätzliche Zustand nötig ist.

Bemerkung 4.2.6. *Für Spieler 2 reichen gedächtnislose Gewinnstrategien nicht aus um nach der mehrdimensionalen Energiebedingung mit Initialenergie zu gewinnen.*

4.3 Eigenschaften von Strategien zur Paritätsbedingung

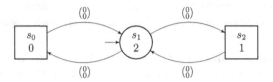

Abbildung 4.2: Eine Spielstruktur auf der jede beliebige Strategie von Spieler 1 eine defensive Strategie ist.

Bei der Energiebedingung bestand ein starker Zusammenhang zu defensiven Strategien. In diesem Abschnitt wird sich zeigen, dass die Paritätsbedingung sich hier anders verhält. Mit einem anderen Ansatz wird daher gezeigt, dass für beide Spieler gedächtnislose Strategien zur Paritätsbedingung ausreichen. Dies ist ein Unterschied zur Energiebedingung, die sich weniger symmetrisch als die Paritätsbedingung verhält, da hier nicht leicht[4] beide Spieler vertauscht werden können.

Die Beweise, die in diesem Abschnitt vorgestellt werden, basieren lose auf [BSV04]. Hier wurde insbesondere die Untersuchung von Paritätsspielen endlicher Dauer ausgelassen und ein eigener Ansatz für den entsprechenden Beweis verwendet.

Bemerkung 4.3.1. *Mit der Paritätsbedingung sind defensive Strategien nicht unbedingt automatisch Gewinnstrategien. Hier verhält sich die Paritätsbedingung also anders als die Energiebedingung, für die das Gegenteil in Lemma 4.2.1 gezeigt wurde.*

Dies kann anhand der Spielstruktur aus Abbildung 4.2 erkannt werden. Auf dieser Spielstruktur ist jede Strategie von Spieler 1 eine defensive Strategie, da er nach jedem Präfix noch gewinnen kann, indem er unendlich oft den Zustand s_0 zieht. Jedoch gibt es auch Strategien, mit denen Spieler 1 verliert.

---

[4]Die Paritätsbedingung ist in dem Sinne symmetrisch zwischen beiden Spielern, dass Spieler 1 in einer Spielstruktur, in der alle Bewertungen um eins erhöht wurden, genau die Spiele verliert, die er vorher gewonnen hat.

Nach dieser Bemerkung werden nun die nötigen Voraussetzungen geschaffen, um zu zeigen, dass für die Paritätsbedingung gedächtnislose Strategien zum Gewinnen ausreichen.

Definition 4.3.2. *Die Menge $W_i(G) \subseteq S$ ist die Menge von Zuständen, zu denen Spieler i eine Gewinnstrategie in der in s beginnenden Spielstruktur $G(s)$ hat.*

Wie leicht eingesehen werden kann, bilden $W_1(G)$ und $W_2(G)$ eine Partition von S. Insbesondere kann jeder Spieler i erzwingen, dass das Spiel nur Zustände in seiner Menge $W_i(G)$ besucht, sobald einmal ein Zustand aus dieser Menge erreicht wurde.

Lemma 4.3.3. *Sei $G = (S_1, S_2, s_0, E, k, w, p)$ eine Spielstruktur, $s \in W_i(G)$ ein Zustand von dem aus Spieler i gewinnen kann und $\lambda_i \in \Lambda_i$ die zugehörige Gewinnstrategie. Zu jeder beliebigen gegnerischen Strategie enthält das aus diesen beiden Strategien resultierende Spiel π mindestens einen Kreis, der unendlich oft durchlaufen wird und eine für Spieler i günstige Parität hat.*

Beweis: Da die Zustandsmenge S endlich ist, kann das Spiel π ab einem Punkt keine neuen, bisher nicht gespielten Zustände erreichen. Somit werden dann nur noch Kreise durchlaufen. Die Kreise, die unendlich oft durchlaufen werden, beeinflussen die Gewinnbedingung. Falls Spieler 1 gewinnt, dann muss die kleinste Parität dieser Kreise gerade sein. Andernfalls ist die kleinste Parität ungerade.

In beiden Fällen gibt es einen Kreis mit für Spieler i günstiger Parität, der unendlich oft durchlaufen wird. □

Mit diesem Lemma kann nun bewiesen werden, dass gedächtnislose Strategien zum Gewinnen ausreichen.

Lemma 4.3.4. *Sei $G = (S_1, S_2, s_0, E, k, w, p)$ eine Spielstruktur. Falls $s_0 \in W_i(G)$, dann existiert für Spieler i eine gedächtnislose Gewinnstrategie $\lambda_i \in \Lambda_i^{PM}$.*

Beweis: Es wird eine gedächtnislose Gewinnstrategie λ_i definiert. Dies bedeutet, dass der Zug der Strategie nur vom letzten Zustand des aktuellen Präfixes abhängen darf. Zu jedem Zustand muss also ein von dieser Strategie gewählter Nachfolger bestimmt werden.

Hierzu wird eine beliebige Gewinnstrategie $\lambda_i' \in \Lambda_i$ betrachtet. Nach Lemma 4.3.3 erreicht diese Strategie zu jeder gegnerischen Strategie einen Kreis, der unendlich oft durchlaufen wird. Insbesondere bedeutet dies, dass der Gegenspieler diesen Kreis zwar eventuell verlassen kann, aber dann auch in einen Kreis mit für ihn ungünstiger Parität gerät.

Nun wird ein solcher Kreis ausgewählt und λ_i so definiert, dass es den auf diesem Kreis liegenden Nachfolger auswählt. Dann wird ein weiterer Kreis ausgewählt und alle Zustände, für die λ_i noch nicht festgelegt wurde, werden auf diesen Kreis festgelegt. Dies wird fortgesetzt, bis keine solchen Kreise mehr neue Zustände liefern.

Es fehlen noch Zustände, die auf keinem Kreis liegen. Hierzu werden alle Zustände markiert, für die bereits ein Nachfolger bestimmt wurde. Zu einem Zustand $s \in S_i$, der einen markierten Nachfolger besitzt, wird dieser Nachfolger als Funktionswert von λ_i festgelegt und s ebenfalls markiert. Ein Zustand $s \in S_{3-i}$, der nur markierte Nachfolger besitzt wird ebenfalls markiert. Dies wird soweit wie möglich fortgesetzt.

Von den markierten Zuständen aus kann Spieler i durch λ_i erzwingen, dass ein für ihn günstiger Kreis erreicht wird. Dies liegt daran, dass solche Kreise selbst und Zustände, von denen er einen Kreis erreichen kann, markiert sind. Gegnerische Zustände wurden markiert, wenn Spieler i von allen ihren Nachfolgern aus einen für ihn günstigen Kreis erreichen kann.

Wenn schließlich s_0 nicht markiert ist, kann Spieler $3 - i$ dafür sorgen, dass auch während des gesamten Spiels kein markierter Zustand erreicht wird. Er selbst wählt dazu immer die unmarkierten Nachfolger seiner Zustände aus und besuchte Zustände von Spieler i haben keine markierten Nachfolger. Dies ist eine Gewinnstrategie für Spieler $3 - i$, da keine markierten Zustände in jedem nach dieser Strategie möglichen Spiel besucht werden und somit nach Konstruktion auch keine Kreise mit für Spieler i günstiger Parität. Somit kann dann Spieler i keine Gewinnstrategie besitzen.

Dies ist ein Widerspruch dazu, dass λ_i' eine Gewinnstrategie ist. Somit muss die Annahme, dass s_0 nicht markiert wurde, falsch sein. Dies bedeutet, dass λ_i eine gedächtnislose Gewinnstrategie sein muss. $\qquad\square$

4.4 Eigenschaften von Strategien zur Energie-Paritäts-Bedingung

Nachdem in den beiden vorherigen Abschnitten die beiden Bausteine für die Energie-Paritäts-Bedingung untersucht wurden, wird nun auf diese Kombination selbst eingegangen. Es soll gezeigt werden, dass für Spieler 2 gedächtnislose Strategien zum Gewinnen ausreichen. Dieser Beweis funktioniert analog zu Lemma 4.2.5, das diese Aussage für die Energiebedingung zeigt.

Lemma 4.4.1. *Sei $G = (S_1, S_2, s_0, E, k, w, p)$ eine Spielstruktur auf der Spieler 2 nach der Energie-Paritäts-Bedingung gewinnt. Dann existiert eine gedächtnislose Gewinnstrategie $\lambda_2 \in \Lambda_2^{PM}$ für Spieler 2 zu dieser Gewinnbedingung.*

Beweis: Ohne Beschränkung der Allgemeinheit habe jeder Zustand der Spielstruktur höchstens zwei Nachfolger. Per Induktion über die Anzahl n der Zustände von Spieler 2 mit zwei Nachfolgern wird die Aussage bewiesen.

Für $n = 0$ hat Spieler 2 keine Wahlmöglichkeiten. Es gibt nur eine einzige Strategie. Diese ist gedächtnislos und nach Voraussetzung eine Gewinnstrategie.

Für $n > 0$ wird ein Zustand s von Spieler 2 mit zwei Nachfolgern ausgewählt und die Spielstrukturen G_1 und G_2 konstruiert, die sich von G nur durch Entfernen jeweils einer der Kanten zu Nachfolgern von s unterscheiden.

Wenn Spieler 2 auf G_1 oder G_2 eine, nach Induktionsvoraussetzung gedächtnislose, Gewinnstrategie besitzt, dann ist diese auch eine Gewinnstrategie auf G, da auf den Spielstrukturen die gleichen zu dieser Strategie konsistenten Spiele möglich sind.

Falls Spieler 1 auf beiden Strukturen Gewinnstrategien besitzt, dann besitzt er auch eine Strategie auf G, indem er passend zwischen beiden Gewinnstrategien wechselt, je nachdem welchen Nachfolger von s Spieler 2 auswählt. Dies ist analog zum genannten Lemma und wird hier nicht wiederholt. Somit entsteht ein Widerspruch, da Spieler 1 und Spieler 2 Gewinnstrategien haben. Dieser Fall kann also nicht eintreten.

Also hat Spieler 2 immer auf G_1 oder G_2 eine Gewinnstrategie, die er, wie bereits ausgeführt, auch auf G anwenden kann. □

In diesem Abschnitt müsste eigentlich auch die Determiniertheit der Energie-Paritäts-Bedingung gezeigt werden, aber leider konnte dieses Problem nicht gelöst werden. Die Vermutung, dass die Energie-Paritäts-Bedingung determiniert ist, liegt nahe, aber wird im Folgenden nicht benötigt und auch nicht gezeigt.

4.5 Spiele zu Strategien mit endlichem Gedächtnis

Nachdem in den vorherigen Abschnitten zu verschiedenen Spielern und Strategien Aussagen zu Gewinnstrategien mit endlichem Gedächtnis gemacht wurden, werden diese nun im folgenden Satz zusammengefasst. Anschließend wird hieraus eine wichtige Eigenschaft zu den resultierenden Spielen gefolgert.

Satz 4.5.1. *Zu einer Spielstruktur G besitzt...*

1. *gemäß Paritätsbedingung ein Spieler genau dann eine gedächtnislose Gewinnstrategie, falls er eine Gewinnstrategie besitzt.*

2. *gemäß Energiebedingung Spieler 1 eine Gewinnstrategie mit endlichem Gedächtnis, falls er eine Gewinnstrategie besitzt.*

3. *gemäß Energiebedingung Spieler 2 eine gedächtnislose Gewinnstrategie, falls er eine Gewinnstrategie besitzt.*

4. *gemäß Energie-Paritäts-Bedingung Spieler 1 eine Gewinnstrategie mit endlichem Gedächtnis, falls er eine Gewinnstrategie besitzt.*

5. *gemäß Energie-Paritäts-Bedingung Spieler 2 eine gedächtnislose Gewinnstrategie, falls er eine Gewinnstrategie besitzt.*

Beweis: Fall 1 wurde in Lemma 4.3.4 gezeigt. Die Fälle 2 und 3 wurden im Korollar 3.3.4 und dem Lemma 4.2.5 bewiesen. Schließlich wurden im Korollar 3.4.4 und dem Lemma 4.4.1 die beiden Fälle 4 und 5 untersucht. □

Bemerkung 4.5.2. *Nach dem vorherigen Satz können zu allen wesentlichen Gewinnbedingungen beide Spieler auf Strategien mit endlichem Gedächtnis eingeschränkt werden,* *ohne dass sich hierdurch ihre Gewinnchancen ändern. Im Folgenden seien also ohne Beschränkung der Allgemeinheit alle Strategien mit endlichem Gedächtnis.*

Nachdem nun gezeigt ist, dass sich Gewinnstrategien immer als Moore-Maschine darstellen lassen, wird das Resultat zweier solcher Strategien näher betrachtet. Es wird sich zeigen, dass das Spiel mit einem endlichen Präfix beginnt, woraufhin eine Schleife unendlich oft durchlaufen wird.

Lemma 4.5.3. *Seien $\lambda_1 \in \Lambda_1^{PF}$ und $\lambda_2 \in \Lambda_2^{PF}$ zwei beliebige Strategien mit endlichem Gedächtnis für Spieler 1 beziehungsweise Spieler 2. Dann ist das Resultat dieser Strategien ein Spiel der Form* $\mathrm{Outcome}_G(\lambda_1, \lambda_2) = \rho \cdot \nu^\omega$ *mit* $\rho, \nu \in S^*$.

Beweis: Seien $\mathcal{M}_1$ und $\mathcal{M}_2$ die beiden Moore-Maschinen, die λ_1, beziehungsweise λ_2 repräsentieren. Die Zustandsmenge von $\mathcal{M}_i$ sei M_i und S ist die Zustandsmenge der Spielstruktur.

Der nächste Zug und Zustand jeder der beiden Moore-Maschinen hängt von dem aktuellen Zustand der Maschine $m_i \in M_i$ und dem Zustand des Spiels $s \in S$ ab. Die aktuelle Konfiguration des Gesamtsystems lässt sich also immer mit einem Tupel aus $M_1 \times M_2 \times S$ beschreiben. Da dies jeweils endliche Mengen sind, ist auch das Produkt eine endliche Menge.

In einem Spiel entsteht eine unendliche Folge solcher Tupel. Daher müssen Tupel mehrfach auftreten. Da die Moore-Maschinen deterministisch arbeiten wird ab der ersten Wiederholung einer Konfiguration die Zugfolge zwischen dieser Wiederholung immer wieder durchlaufen.

Somit hat das Spiel die Form $\mathrm{Outcome}_G(\lambda_1, \lambda_2) = \rho \cdot \nu^\omega$ mit $\rho, \nu \in S^*$. $\qquad\square$

Aus diesem Lemma folgt, dass in einem Spiel, dass mit zwei Strategien mit endlichem Gedächtnis gespielt wird, nach $|\rho| + |\nu|$ Zügen alle Zustände besucht wurden, die unendlich oft während des Spiels auftreten. Außerdem werden spätestens alle $|\nu|$ Züge wieder alle diese Zustände besucht. Da nach Lemma 4.3.4 zur Paritätsbedingung gedächtnislose Strategien ausreichen, können beide Spieler ohne Beschränkung ihrer Gewinnmöglichkeit, auf gedächtnislose Strategien beschränkt werden, woraus sich folgendes Korollar mit $|M_i| = 1$ und $\ell := |M_1 \times M_2 \times S| = |S|$ ergibt:

Korollar 4.5.4. *Sei G eine Spielstruktur und $\pi := \mathrm{Outcome}_G(\lambda_1, \lambda_2)$ ein Spiel, wobei $\lambda_1 \in \Lambda_1^{PF}$ und $\lambda_2 \in \Lambda_2^{PF}$ Strategien mit endlichem Gedächtnis sind. Dann gibt es eine Zahl ℓ mit $\ell \leq |S|$, so dass spätestens alle ℓ Züge ein Zustand s besucht wird, dessen Bewertung die Parität ist, also der $p(s) = \mathrm{Par}(\pi)$ erfüllt.*

5 Reduktion der Energie-Paritäts-Bedingung auf die Energiebedingung

In diesem Kapitel wird es darum gehen, die Paritätsbedingung auf die Energiebedingung zu reduzieren. Dies bedeutet, dass eine Konstruktion vorgestellt wird, die aus einer gegebenen Spielstruktur eine andere Spielstruktur erzeugt. Spieler 1 soll in der ursprünglichen Struktur nach der Energie-Paritäts-Bedingung gewinnen können, genau dann wenn dieser Spieler in der neuen Struktur nach der allgemeinen Energiebedingung gewinnen kann.

Dank dieser Konstruktion muss im folgenden Kapitel nur noch für die Energiebedingung untersucht werden, ob es für Spieler 1 eine Gewinnstrategie gibt, und diese angegeben werden, da die anderen Bedingungen auf diese zurückgeführt werden. Die dort gefundene Gewinnstrategie wäre dann auch eine Gewinnstrategie auf der ursprünglichen Spielstruktur zu der Energie-Paritäts-Bedingung. Somit ist dies das letzte Kapitel, dass sich mit der Energie-Paritäts-Bedingung befasst.

Schließlich wird auch die Paritätsbedingung auf die Energiebedingung reduziert werden, wobei dies sehr ähnlich zu der bereits erwähnten Konstruktion funktioniert. Daher wird dieser Ansatz nicht detailliert ausgeführt.

Die Definition der Reduktion für die Energie-Paritäts-Bedingung entstammt [CRR12, Lemma 4]. Die zugehörigen Beweise wurden selbst erarbeitet und auch die Anwendung auf die Paritätsbedingung stammt nicht aus dieser Quelle.

5.1 Konstruktion der reduzierenden Spielstruktur

Die Konstruktion beruht auf Lemma 3.4.5. Dieses sagt aus, dass es eine Zahl ℓ gibt, so dass Spieler 1 so spielen kann, dass spätestens alle ℓ Züge ein Zustand mit gerader Bewertung besucht wird, die kleiner als die vorher besuchten, ungeraden Bewertungen ist. In Lemma 3.4.6 wird eine Grenze für dieses ℓ angegeben. Im Folgenden sei ℓ immer auf diese Weise definiert.

Im Umkehrschluß bedeutet dies, dass Spieler 1 verliert, wenn innerhalb von ℓ Zügen kein Zustand mit einer geraden Bewertung besucht wurde, die kleiner als die besuchten ungeraden Bewertungen ist. Genau diesen Gedanken verfolgt die folgende Konstruktion.

Hierzu wird die größte Bewertung p_{max} betrachtet, die in der Spielstruktur vorkommt. Es werden $m := \lceil \frac{p_{max}+1}{2} \rceil$ Paare von Bewertungen gebildet. Diese Paare bestehen jeweils aus einer geraden Bewertung und der um eins höheren ungeraden Bewertung.

Für jedes solche Paar wird die Beschriftungsfunktion der Spielstruktur um eine neue Komponente erweitert, für die die Initialenergie ℓ zum Gewinnen ausreicht. Diese Komponente wird um 1 verringert, wenn die zugehörige ungerade Bewertung besucht wird. Bei einer geraden Bewertung werden die Komponenten, die zu dieser, und die aller höheren Bewertungen, gehören jeweils um ℓ erhöht.

Definition 5.1.1. *Zu einer Spielstruktur $G = (S_1, S_2, s_0, E, k, w, p)$ ist die zugehörige reduzierende Spielstruktur mit nach Lemma 3.4.6 geeigneter Konstante ℓ definiert als $\tilde{G} := (S_1, S_2, s_0, E, k+m, w', p)$. Hierbei sind $p_{max} := \max\{p(e) \mid e \in E\}$, $m := \lceil \frac{p_{max}+1}{2} \rceil$ und die einzelnen Komponenten von $w' \colon E \to \mathbb{Z}^{k+m}$ wie folgt:*

$$
w'(s,t)_i := \begin{cases}
w(s,t)_i & \text{für } 1 \leq i \leq k \\
0 & \text{falls } p(t) \text{ gerade und } k < i \leq k + \frac{p(t)}{2} \\
\ell & \text{falls } p(t) \text{ gerade und } i > k + \frac{p(t)}{2} \\
0 & \text{falls } p(t) \text{ ungerade, } i \neq k + \frac{p(t)+1}{2} \text{ und } i > k \\
-1 & \text{falls } p(t) \text{ ungerade und } i = k + \frac{p(t)+1}{2}
\end{cases}
$$

Zu einer Initialenergie $v_0 \in \mathbb{N}^k$ ist $\tilde{v}_0 \in \mathbb{N}^{k+m}$ die reduzierende Initialenergie. Für $1 \leq i \leq k$ gilt $(\tilde{v}_0)_i := (v_0)_i$ und für $k < i \leq k + m$ wird $(\tilde{v}_0)_i := \ell$ festgelegt.

5.2 Beweis der Reduktion

In der Spielstruktur nach vorheriger Definition wird mit allgemeiner Energiebedingung gespielt. Damit Spieler 1 verliert, muss eine Komponente des Energielevels mit der Initialenergie negativ werden. Falls dies in einer der ersten k Komponenten passiert, dann ist dies ebenso im ursprünglichen Spiel möglich.

Falls dies in einer der neu hinzugefügten Komponenten geschieht, bedeutet dies, dass mindestens in den letzten ℓ Zügen diese Komponente nicht erhöht wurde, da immer um ℓ erhöht und nur um 1 verringert wird. Nach Konstruktion von $\tilde{G}$ wurden also ℓ Zustände mit ungerader Bewertung besucht, ohne dass ein Zustand mit kleinerer, gerader Bewertung besucht wurde. Nach Lemma 3.4.5 und Wahl von ℓ verliert Spieler 1 also auch in der ursprünglichen Spielstruktur nach Paritätsbedingung.

Dies wird im aktuellen Kapitel genauer hergeleitet. Zunächst wird ein Lemma gezeigt, dass im Folgenden benötigt wird, aber auch für sich genommen schon eine hilfreiche Aussage liefert.

Lemma 5.2.1. *Seien G eine Spielstruktur und $v_0 \in \mathbb{N}^{k+m}$ ein beliebiger Vektor. Aus $\pi \in \mathrm{InitEnergy}_{\tilde{G}}(v_0)$ folgt $\pi \in \mathrm{Parity}_{\tilde{G}}$.*

Beweis: Sei $\pi \in \mathrm{InitEnergy}_{\tilde{G}}(\tilde{v}_0)$ ein beliebiges Spiel. Aus der Annahme $\pi \notin \mathrm{Parity}_{\tilde{G}}$ soll nun ein Widerspruch hergeleitet werden.

Hierzu wird die zur Parität $\mathrm{Par}(\pi)$, welche nach Voraussetzung ungerade ist, zugehörige Komponente $i = k + \frac{\mathrm{Par}(\pi)+1}{2}$ der Energielevel betrachtet. Da dies die kleinste Parität eines Zustandes ist, der unendlich oft besucht wird, werden Zustände mit kleinerer Parität nur endlich oft besucht. Somit gibt es ein $n \in \mathbb{N}$, so dass in π nach dem n-ten Zug nur noch Zustände vorkommen, die eine Bewertung von mindestens $\mathrm{Par}(\pi)$ haben.

Somit wird nach Definition der Beschriftungsfunktion von $\tilde{G}$ die i-te Komponente des Energielevels nach dem Präfix $\pi(n)$ nicht mehr erhöht. Jedoch wird unendlich oft ein Zustand mit Bewertung $\mathrm{Par}(\pi)$ besucht, wodurch diese Komponente jeweils um eins verringert wird. Somit divergiert die i-te Komponente des Energielevels gegen $-\infty$, womit $\pi \notin \mathrm{InitEnergy}_{\tilde{G}}(\tilde{v}_0)$ folgen würde, was das Gegenteil der Annahme ist. $\square$

Nun kann zunächst gezeigt werden, dass Gewinnstrategien für Spieler 1 zwischen G und $\widetilde{G}$ übertragbar sind und dabei die Gewinnbedingung wechseln.

Lemma 5.2.2. *Sei G eine Spielstruktur. Wenn Spieler 1 in $\widetilde{G}$ eine Gewinnstrategie nach Energiebedingung zur Initialenergie $\tilde{v}_0$ hat, dann ist dieselbe Strategie auch Gewinnstrategie in G nach Energie-Paritäts-Bedingung für ihn.*

Beweis: Sei $\pi \in \text{Plays}(\widetilde{G})$ ein beliebiges, zur gegebenen Strategie von Spieler 1 konsistentes, Spiel. Offensichtlich gilt auch $\pi \in \text{Plays}(G)$, da sich die beiden Spielstrukturen nur in der Beschriftungsfunktion unterscheiden. Diese hat keinen Einfluss auf die möglichen Spiele.

Aus der Voraussetzung $\pi \in \text{InitEnergy}_{\widetilde{G}}(v_0)$ muss nun gefolgert werden, dass $\pi \in \text{InitEnergy}_G(v_0') \cap \text{Parity}_G$, wobei $v_0 \in \mathbb{N}^{k+m}$ und $v_0' \in \mathbb{N}^k$ beliebig, aber in den ersten k Komponenten identisch sind.

Zunächst wird $\pi \in \text{InitEnergy}_G(v_0')$ hergeleitet.

Angenommen $\pi \notin \text{InitEnergy}_G(v_0')$. Dann gibt es ein $n \in \mathbb{N}$ mit $v_0' + \text{EL}(\pi(n)) \not\geq (0, \ldots, 0)$. Dies bedeutet, dass es eine Komponente $1 \leq i \leq k$ gibt mit $(v_0')_i + \text{EL}(\pi(n))_i < 0$.

In dieser Komponente gilt aber $(v_0')_i = (v_0)_i$ und, da $\widetilde{G}$ in den ersten k Komponenten der Bewertungsfunktion identisch zu G arbeitet, auch $(v_0)_i + \text{EL}(\pi(n))_i < 0$. Hieraus folgt $v_0 + \text{EL}(\pi(n)) \not\geq (0, \ldots, 0)$. Dies ist ein Widerspruch zur Voraussetzung $\pi \in \text{InitEnergy}_G(v_0)$.

Nun muss nur noch $\pi \in \text{Parity}_G$ gefolgert werden. Mit Hilfe der Voraussetzung $\pi \in \text{InitEnergy}_{\widetilde{G}}(v_0')$ liefert Lemma 5.2.1 die Aussage $\pi \in \text{Parity}_{\widetilde{G}}$. Allerdings unterscheiden sich G und $\widetilde{G}$ nur in der Beschriftungsfunktion, die auf die Paritätsbedingung aber keinen Einfluss hat. Somit ist dies identisch zu $\pi \in \text{Parity}_G$. $\square$

Die analoge Aussage zum vorherigen Lemma wird nun noch für Spieler 2 bewiesen.

Lemma 5.2.3. *Sei G eine Spielstruktur. Wenn Spieler 2 in $\widetilde{G}$ eine Gewinnstrategie nach Energiebedingung zur Initialenergie $\tilde{v}_0$ hat, dann ist dieselbe Strategie auch Gewinnstrategie in G nach Energie-Paritäts-Bedingung zur Initialenergie v_0 für ihn.*

Beweis: Wieder sei $\pi \in \text{Plays}(\widetilde{G})$ ein beliebiges, zur gegebenen Strategie von Spieler 2 konsistentes, Spiel. Analog zum vorherigen Lemma gilt auch $\pi \in \text{Plays}(G)$.

Aus der Annahme $\pi \notin \text{InitEnergy}_{\tilde{G}}(\tilde{v}_0)$ wird nun $\pi \notin \text{InitEnergy}_G(v_0) \cap \text{Parity}_G$ gefolgert. Sei hierzu $1 \leq i \leq k + m$ die Komponente, in der die Energiebedingung auf $\tilde{G}$ nach $n \in \mathbb{N}$ Zügen verletzt wird. Es gilt also $(\tilde{v}_0)_i + \text{EL}(\pi(n))_i < 0$.

Falls $i \leq k$, dann folgt nach Definition direkt, dass der gleiche Zusammenhang in der Spielstruktur G auftritt, womit $\pi \notin \text{InitEnergy}_G(v_0)$ folgt.

Für $i > k$ wurde im Spiel π oft genug ein Zustand mit Bewertung $b := 2(i - k) - 1$ besucht, damit der Energielevel negativ wird, ohne dass Zustände mit kleinerer Bewertung ausreichend oft den Energielevel um ℓ erhöht haben. Da die Initialenergie $(\tilde{v}_0)_i$ gleich ℓ ist, bedeutet dies, dass für mindestens ℓ Züge kein Zustand mit einer geraden Bewertung besucht wurde, die kleiner als die ungerade Bewertung b ist. Nach Lemma 3.4.5 müsste dies jedoch der Fall sein, falls $\pi \in \text{Parity}_G$ gilt. Somit folgt $\pi \notin \text{Parity}_G$.

In beiden möglichen Fällen wurde $\pi \notin \text{InitEnergy}_G(v_0) \cap \text{Parity}_G$ gezeigt. Dies beendet den Beweis. $\square$

Aus diesen beiden Lemmata folgt nun ein Korollar. Dieses Korollar sagt, dass die Reduktion funktioniert und im Folgenden nur noch die Existenz einer Gewinnstrategie zur Energiebedingung betrachtet werden muss. Hiermit kann dann auch die Existenz einer Gewinnstrategie zur Energie-Paritäts-Bedingung entschieden werden.

Korollar 5.2.4. *Sei G eine Spielstruktur. Spieler 1 besitzt genau dann eine Gewinnstrategie auf G zur Energie-Paritäts-Bedingung $\text{InitEnergy}_G(v_0) \cap \text{Parity}_G$, wenn für ihn eine Gewinnstrategie auf $\tilde{G}$ zur Energiebedingung mit Initialenergie $\text{InitEnergy}_{\tilde{G}}(\tilde{v}_0)$ existiert.*

Bemerkung 5.2.5. *Die Definition der reduzierenden Spielstruktur wurde benutzt um die Energie-Paritäts-Bedingung auf die Energiebedingung zu reduzieren. Wenn die Definition leicht abgewandelt wird und nur die m neuen Dimensionen betrachtet werden, also die ursprünglichen k Dimensionen ignoriert werden, dann kann auch die Paritätsbedingung auf die Energiebedingung reduziert werden.*

Dies funktioniert analog zu der gezeigten Reduktion und wird nicht näher ausgeführt.

Anhand dieser Bemerkung kann analog zu Korollar 5.2.4 folgender Satz gezeigt werden, wobei ℓ anhand von Korollar 4.5.4 gewählt werden kann:

Satz 5.2.6. *Sei G eine Spielstruktur. Spieler 1 besitzt genau dann eine Gewinnstrategie auf G zur Paritätsbedingung* Parity_G*, wenn für ihn eine Gewinnstrategie auf* $\tilde{G}'$ *zur Energiebedingung* $\text{InitEnergy}_{\tilde{G}}(v_0)$ *existiert. Hierbei ist* $\tilde{G}'$ *wie in der vorherigen Bemerkung beschrieben aufgebaut und* $v_0 = (\ell, \ldots, \ell)$.

Der Beweis dieser Aussage wird hier nicht erbracht, da er nur aus Wiederholung von vorherigen Aussagen bestehen würde, wobei jeweils die Untersuchung der Energiebedingung auf G weggelassen wird.

Durch diesen Satz lassen sich nun Gewinnstrategien zwischen verschiedenen Gewinnbedingungen und der Energiebedingung übertragen. Dank Korollar 3.3.4 ist dort endliches Gedächtnis für Spieler 1 zum Gewinnen ausreichend und es folgt ein weiteres Korollar:

Korollar 5.2.7. *Sei G eine Spielstruktur und* $\lambda_1 \in \Lambda_1$ *eine Gewinnstrategie für Spieler 1 gemäß der Paritätsbedingung. Dann existiert auch eine Gewinnstrategie mit endlichem Gedächtnis* $\lambda_1' \in \Lambda_1^{PF}$ *für Spieler 1 gemäß der Paritätsbedingung.*

Die gleiche Aussage für die Energie-Paritäts-Bedingung wurde schon in Korollar 3.4.4 gefolgert, lässt sich durch diese Reduktion aber auch zeigen.

5.3 Beispiel

Nun soll ein Beispiel für die in diesem Kapitel vorgestellte Reduktion betrachtet werden. Hierzu wird die Spielstruktur $G_0 := (S_1, S_2, s_0, E, k, w, p)$ mit $k = 2$ aus Abbildung 5.1 herangezogen.

Die größte vorkommende Bewertung ist $p_{max} = 3$, womit für die zugehörige reduzierende Spielstruktur $m = \lceil \frac{3+1}{2} \rceil = 2$ zusätzliche Energiedimensionen benötigt werden. Außerdem wird für dieses Beispiel $\ell = 4$ gewählt. Dies ist kleiner als die nach Lemma 3.4.6 nötige Zahl[1], wobei sich zeigen wird, das $\ell = 4$ für dieses Beispiel ausreicht.

---

[1] Dieses Lemma fordert $\ell = 2^{(d-1)\cdot|S|} \cdot (W \cdot |S| + 1)^{c \cdot k^2} = 2^5 \cdot (3 \cdot 5 + 1)^{c \cdot 2^2} = 32 \cdot 16^{4c}$, wobei c eine unbekannte Konstante ist. Dies wäre weit größer als 4.

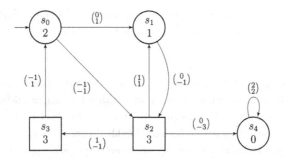

Abbildung 5.1: Wiederholung des Beispiels für eine Spielstruktur aus Abbildung 2.1.

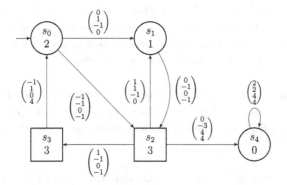

Abbildung 5.2: Beispiel einer reduzierenden Spielstruktur $\widetilde{G}_0$ auf Basis der Spielstruktur G_0 aus Abbildung 5.1.

Diese reduzierende Spielstruktur ist $\widetilde{G}_0 = (S_1, S_2, s_0, E, 2 + 2, w', p)$ mit folgender Beschriftungsfunktion w'. Diese Spielstruktur ist auch in Abbildung 5.2 dargestellt.

$$w' := \{((s_0, s_1), (0, 1, -1, 0)), ((s_0, s_2), (-1, -1, 0, -1)), ((s_1, s_2), (0, -1, 0, -1)),$$
$$((s_2, s_1), (1, 1, -1, 0)), ((s_2, s_3), (1, -1, 0, -1)), ((s_3, s_0), (-1, 1, 0, 4)),$$
$$((s_2, s_4), (0, -3, 4, 4)), ((s_4, s_4), (2, 2, 4, 4))\}$$

Auf der Spielstruktur G_0 wurden die folgenden vier Spiele in Abschnitt 2.4 bereits untersucht:

$$\pi_0 := s_0(s_1 s_2)^\omega \qquad\qquad \pi_1 := s_0 s_1 s_2 s_4^\omega$$
$$\pi_2 := (s_0 s_2 s_3)^\omega \qquad\qquad \pi_3 := s_0(s_2 s_1)^\omega$$

Das Ergebnis war, dass nur π_1 nach Energie-Paritäts-Bedingung von Spieler 1 gewonnen wird. Die Spiele π_0 und π_3 erfüllen nicht die Paritätsbedingung und π_2 verletzt die Energiebedingung.

Zunächst wird π_2 betrachtet. Da sich G_0 und $\widetilde{G}_0$ in den ersten beiden Komponenten der Beschriftungsfunktion nicht unterscheiden, wird auch auf $\widetilde{G}_0$ die Energiebedingung durch π_2 verletzt. Die erste neue Komponente wird in diesem Spiel bei keinem Zug verändert. Die zweite Komponente wird pro Schleifendurchlauf zwei mal verringert und dann um $\ell = 4$ erhöht. Hier treten also keine neuen negativen Werte auch, was auch erwartet wurde, da dieses Spiel nach Paritätsbedingung von Spieler 1 gewonnen wird.

In den Spielen π_0 und π_3 wird die Energiebedingung auf G_0 eingehalten. Dies geschieht natürlich auch auf $\widetilde{G}_0$ in den ersten beiden Komponenten des Energielevels. Beide Spiele werden auf G_0 nach Paritätsbedingung verloren, weshalb auf $\widetilde{G}_0$ in den beiden neuen Komponenten die Energiebedingung verletzt werden sollte.

Für π_0 werden in der Schleife $(s_1 s_2)^\omega$ abwechselnd die dritte und vierte Komponente des Energielevels verringert und nie erhöht. Dies wird zu jeder beliebigen Initialenergie zu einem negativen Energielevel führen, womit die Energiebedingung, wie erwartet, auf $\widetilde{G}_0$ verletzt wird.

In π_3 wird dieselbe Schleife durchlaufen und somit wird auf die gleiche Art auch hier die Energiebedingung auf $\widetilde{G}_0$ verletzt.

Schließlich bleibt noch das Spiel π_1, dass mit einer Initialenergie von $(1, 3, \ell, \ell)$ auf $\widetilde{G}_0$ von Spieler 1 gewonnen wird. In dem endlichen Präfix vor dem Zustand s_4 wird kein negatives Energielevel eingenommen und in der Schleife selbst werden alle Komponenten nur erhöht.

6 Entscheidungsalgorithmus zur Energiebedingung

In diesem Abschnitt geht es darum, Spiele nach der Energiebedingung zu entscheiden. Dies bedeutet, dass zu einer Spielstruktur Initialenergien und zugehörige Gewinnstrategien für Spieler 1 konstruiert werden. Die Gewinnstrategien werden hierbei als Moore-Maschine angegeben.

Hierzu wird der Operator $Cpre_C$ definiert, der zu Paaren von Zuständen und Energieleveln passende Vorgängerpaare bestimmt, so dass Spieler 1 erzwingen kann, dass eines der gegebenen Paare eingenommen wird. Für Zustände, die zu Spieler 1 gehören, muss es also einen passenden Zug geben, der eines dieser Paare erreicht, und für Zustände von Spieler 2 muss jeder mögliche Zug zu einem solchen Paar führen.

Zu diesem Operator wird der größte Fixpunkt bestimmt. Ein Fixpunkt ist hier eine Menge M von Paaren, die $M = Cpre_C(M)$ erfüllt. Dies bedeutet, dass Spieler 1 dafür sorgen kann, dass in einem Spiel für beliebig viele Züge Paare aus dieser Menge besucht werden. Wenn alle in dieser Menge M beschriebenen Energielevel die Energiebedingung erfüllen, dann bedeutet dies, dass Spieler 1 unendlich lange die Energiebedingung einhalten kann und somit nie ein negativer Energielevel erreicht wird, durch den Spieler 2 dann gewinnen würde.

Somit kann schließlich aus diesem Fixpunkt eine Gewinnstrategie als Moore-Maschine erzeugt werden. Diese Maschine wird die minimalen Elemente von M als Gedächtniswerte verwenden und nur endliches Gedächtnis haben. Diese Konstruktion stammt aus [CRR12].

6.1 Der Operator $\mathrm{Cpre}_{\mathbb{C}}$

Definition 6.1.1. *Sei* $G = (S_1, S_2, s_0, E, k, w, p)$ *eine Spielstruktur,* $\mathbb{C}$ *eine Konstante,* $U(\mathbb{C}) := S \times \{0, 1, \ldots \mathbb{C}\}^k$ *und* $\mathcal{U}(\mathbb{C}) := 2^{U(\mathbb{C})}$. *Die Funktion* $\mathrm{Cpre}_{\mathbb{C}} \colon \mathcal{U}(\mathbb{C}) \to \mathcal{U}(\mathbb{C})$ *ist zu* $V \subseteq U(\mathbb{C})$ *definiert durch:*

$$\mathcal{E}(V) := \{(s, e) \in U(\mathbb{C}) \mid s \in S_1 \wedge \exists (s, s') \in E, \exists (s', e') \in V \colon e' \le e + w(s, s')\}$$
$$\mathcal{A}(V) := \{(s, e) \in U(\mathbb{C}) \mid s \in S_2 \wedge \forall (s, s') \in E, \exists (s', e') \in V \colon e' \le e + w(s, s')\}$$
$$\mathrm{Cpre}_{\mathbb{C}}(V) := \mathcal{E}(V) \cup \mathcal{A}(V)$$

In obiger Definition enthält $\mathcal{E}(V)$ alle Paare von Zuständen und Energieleveln, deren Zustände zu Spieler 1 gehören und zu denen es einen Zug gibt, der in die Menge V führt. Analog enthält $\mathcal{A}(V)$ alle Paare, deren Zustände zu Spieler 2 gehören und bei denen jeder mögliche Zug in die Menge V führt.

Insgesamt liefert $\mathrm{Cpre}_{\mathbb{C}}(V)$ also alle Paare, so dass nach einem Zug sicher ein Zustands-Energielevel-Paar aus V durch Spieler 1 erreicht werden kann.

Hierbei wird das erreichte Energielevel jeweils nicht exakt betrachtet, sondern es werden auch Paare in das Ergebnis aufgenommen, deren Energielevel höher als unbedingt nötig ist. Dies wird im folgenden Lemma festgehalten und anschließend eine weitere, wichtige Eigenschaft des Operators gezeigt.

Lemma 6.1.2. *Sei* G *eine Spielstruktur. Zu beliebigem* $V \in \mathcal{U}(\mathbb{C})$ *ist die Menge* $\mathrm{Cpre}_{\mathbb{C}}(V)$ *nach oben abgeschlossen. Dies bedeutet, dass zu beliebigem* $(s, e) \in \mathrm{Cpre}_{\mathbb{C}}(V)$ *und* $e' \in \mathbb{N}^k$ *mit* $e + e' \le (\mathbb{C}, \ldots \mathbb{C})$ *auch* $(s, e + e') \in \mathrm{Cpre}_{\mathbb{C}}(V)$ *gilt.*

Beweis: Die innerste Bedingung in der Definition von $\mathcal{E}(V)$ und $\mathcal{A}(V)$ vergleicht jeweils Energielevel durch $\le$, wodurch dieses Lemma trivialerweise folgt. $\square$

Lemma 6.1.3. *Sei* G *eine Spielstruktur. Seien* $U, V \in \mathcal{U}(\mathbb{C})$ *mit* $U \subseteq V$, *dann gilt auch* $\mathrm{Cpre}_{\mathbb{C}}(U) \subseteq \mathrm{Cpre}_{\mathbb{C}}(V)$.

Beweis: Dies ist leicht ersichtlich anhand der Definition von $\mathrm{Cpre}_{\mathbb{C}}$. Das Argument der Funktion wird nur als Wertebereich einer in einem Existenzquantors gebunden Variablen verwendet. Durch zusätzliche Elemente kann die resultierende Menge also nur größer werden. $\square$

Nun muss der größte Fixpunkt von $\mathcal{U}(\mathbb{C})$ unter der Operation Cpre$_\mathbb{C}$ bestimmt werden, also die größte Menge M, die $M = \mathrm{Cpre}_\mathbb{C}(M)$ erfüllt. Diese Menge wird Cpre$_\mathbb{C}^*$ genannt. In Lemma 6.1.7 wird bewiesen, dass dieser Fixpunkt wohldefiniert, also eindeutig, ist. Da bereits gezeigt wurde, dass Cpre$_\mathbb{C}$ ein monotoner Operator ist, folgt aus den Grundlagen zu monotonen Operatoren die Existenz, Eindeutigkeit und der Berechnungsalgorithmus von Cpre$_\mathbb{C}^*$. Dies wird im Folgenden explizit hergeleitet.

Um Cpre$_\mathbb{C}^*$ zu bestimmen wird mit der vollständigen Grundmenge $U(\mathbb{C})$ angefangen und so lange Cpre$_\mathbb{C}$ angewendet, bis ein Fixpunkt erreicht wird. Genau dies tut der folgende Algorithmus:

Algorithmus 6.1.4. *Eingabe an den Algorithmus ist eine Spielstruktur G und eine Zahl $\mathbb{C} \in \mathbb{N}$. Der folgende Algorithmus gibt* Cpre$_\mathbb{C}^*$ *aus.*

1. Setze $U_0 \leftarrow U(\mathbb{C})$ und $i \leftarrow 0$.

2. Setze $i \leftarrow i + 1$ und anschließend $U_i \leftarrow \mathrm{Cpre}_\mathbb{C}(U_{i-1})$.

3. Falls $U_i \neq U_{i-1}$, gehe zu Schritt 2.

4. Gebe Cpre$_\mathbb{C}^* = U_i$ *aus.*

Im Folgenden wird die Definition $U_i := \mathrm{Cpre}_\mathbb{C}^i(U(\mathbb{C}))$ verwendet, also dem i-maligen Anwenden von Cpre$_\mathbb{C}$. Dies ist konsistent mit der Verwendung dieser Variablen im obigen Algorithmus.

Es wird nun gezeigt, dass dieser Algorithmus tatsächlich korrekt arbeitet und dass Cpre$_\mathbb{C}^*$ der größte Fixpunkt von Cpre$_\mathbb{C}$ ist.

Lemma 6.1.5. *Sei G eine Spielstruktur. Für alle $i \in \mathbb{N}$ gilt $U_{i+1} \subseteq U_i$.*

Beweis: Da $U_0 = U(\mathbb{C})$ die Grundmenge darstellt, muss dies Obermenge aller U_i sein, insbesondere auch von U_1.

Angenommen für ein beliebiges, aber fest gewähltes, $i \in \mathbb{N}$ sei bereits $U_{i+1} \subseteq U_i$ gezeigt. Durch Anwendung von Lemma 6.1.3 folgt hieraus, dass $U_{i+2} = \mathrm{Cpre}_\mathbb{C}(U_{i+1}) \subseteq \mathrm{Cpre}_\mathbb{C}(U_i) = U_{i+1}$ gilt.

Gemäß dem Prinzip der vollständigen Induktion ist somit die Aussage bewiesen.   □

Lemma 6.1.6. *Sei G eine Spielstruktur. Algorithmus 6.1.4 terminiert immer mit einem Fixpunkt von* $\mathrm{Cpre}_\mathbb{C}$.

Beweis: Falls der Algorithmus terminiert, gibt er ein U_i mit $U_{i-1} = U_i = \mathrm{Cpre}_\mathbb{C}(U_{i-1})$ aus, also einen Fixpunkt. Es muss also nur gezeigt werden, dass dieser Algorithmus immer terminiert.

Dies folgt aus Lemma 6.1.5, das aussagt, dass die U_i eine absteigende Kette bilden. Jede Menge ist Teilmenge der vorherigen Menge. Da diese Kette mit $U_0 = U(\mathbb{C})$ beginnt, einer endlichen Menge, wird auch in jedem Schritt eine endliche Menge bestimmt. Da diese nach unten durch die leere Menge begrenzt sind, kann es keine unendliche Kette echter Teilmengen geben und somit muss, spätestens bei der leeren Menge, der Algorithmus terminieren.   □

Lemma 6.1.7. *Sei G eine Spielstruktur. Sei* $V \in \mathcal{U}(\mathbb{C})$ *mit* $\mathrm{Cpre}_\mathbb{C}(V) = V$ *ein Fixpunkt von* $\mathrm{Cpre}_\mathbb{C}$. *Dann gilt* $V \subseteq \mathrm{Cpre}_\mathbb{C}^*$.

Beweis: Es wird folgende Aussage per Induktion gezeigt: $\forall i \in \mathbb{N}\colon V \subseteq U_i$. Da es ein $i \in \mathbb{N}$ gibt mit $U_i = \mathrm{Cpre}_\mathbb{C}^*$, folgt hieraus die Aussage.

Da $U_0 = U(\mathbb{C})$ die Grundmenge ist, muss für jeden Fixpunkt, der zwingenderweise eine Teilmenge der Grundmenge ist, die Aussage gelten.

Sei nun für ein beliebiges $i \in \mathbb{N}$ bereits $V \subseteq U_i$ gezeigt. Es soll $V \subseteq U_{i+1}$ hergeleitet werden. Hierzu wird Lemma 6.1.3 auf die Induktionsvoraussetzung angewendet, um $\mathrm{Cpre}_\mathbb{C}(V) \subseteq \mathrm{Cpre}_\mathbb{C}(U_i)$ zu erhalten. Nach Voraussetzung ist $\mathrm{Cpre}_\mathbb{C}(V) = V$, da V ein Fixpunkt sein soll, und $U_{i+1} = \mathrm{Cpre}_\mathbb{C}(U_i)$ gilt nach Definition. Somit folgt $V \subseteq U_{i+1}$.   □

Korollar 6.1.8. *Algorithmus 6.1.4 bestimmt den eindeutigen größten Fixpunkt von* $\mathrm{Cpre}_\mathbb{C}$.

Zur Komplexität des Algorithmus sei auf [CRR12] verwiesen. Dort wird in Lemma 8 eine Familie von Spielstrukturen vorgestellt, auf denen Spieler 1 exponentielles Gedächtnis zum Gewinnen benötigt und in Lemma 9 eine exponentielle Laufzeit für die Berechnung von $\mathrm{Cpre}_{\mathbb{C}}^*$ hergeleitet.

6.2 Konstruktion einer Gewinnstrategie

In diesem Abschnitt wird anhand von $\mathrm{Cpre}_{\mathbb{C}}^*$ eine Gewinnstrategie konstruiert und bewiesen, dass es sich wirklich um eine Gewinnstrategie handelt. Außerdem wird bewiesen, dass immer eine Gewinnstrategie geliefert wird, wenn eine solche existiert.

Zunächst wird die Gewinnstrategie als Moore-Maschine angegeben. Die Idee der Maschine besteht einfach darin, in $\mathrm{Cpre}_{\mathbb{C}}^*$ anhand der Züge, die $\mathcal{E}(V)$ bestimmt hat, zu bleiben. Damit hierfür endliches Gedächtnis ausreicht, wird der Energielevel des aktuellen Präfixes nicht genau bestimmt, sondern nur nach unten abgeschätzt.

Da der Energielevel nur nach unten abgeschätzt wird, werden nur die minimalen Elemente von $\mathrm{Cpre}_{\mathbb{C}}^*$ nach folgender Definition benötigt.

Definition 6.2.1. *Zu beliebigen* (s, e), $(s', e') \in U(\mathbb{C})$ *wird* $(s, e) \preccurlyeq (s', e') :\Leftrightarrow (s = s' \wedge e \le e')$ *definiert.*

Definition 6.2.2. *Sei G eine Spielstruktur und sei $v_0 \in \mathbb{N}^k$ gegeben. Falls $(s_0, v_0) \in \mathrm{Cpre}_{\mathbb{C}}^*$ erfüllt wird, ist die Strategie $\lambda_M(\mathbb{C}, \mathrm{Cpre}_{\mathbb{C}}^*, v_0)$ definiert und wird durch die Moore-Maschine $\mathcal{M} = (M, m_0, \alpha_u, \alpha_n)$ repräsentiert. Hierbei ist $M = \min_{\preccurlyeq} \mathrm{Cpre}_{\mathbb{C}}^*$ die Menge aller nach $\preccurlyeq$ minimaler Elemente[1] von $\mathrm{Cpre}_{\mathbb{C}}^*$ und $m_0 \in M$ ein Element, das $m_0 \preccurlyeq (s_0, v_0)$ erfüllt. Nach Voraussetzung existiert mindestens ein solches Element.*

Die Funktion $\alpha_u((s, e), s')$ liefert ein beliebiges $(s'', e'') \in M$ mit $s' = s''$ und $e'' \le e + w(s, s')$. Die Funktion $\alpha_n((s, e), s')$ liefert ein beliebiges $s'' \in S$ zu dem es ein $e'' \in \mathbb{N}^k$ gibt mit $(s'', e'') \in M$, $(s, s'') \in E$ und $e'' \le e + w(s, s'')$.

---

[1]Ein Element $(s, e) \in \mathrm{Cpre}_{\mathbb{C}}^*$ ist minimal, wenn es $\forall (s', e') \in \mathrm{Cpre}_{\mathbb{C}}^*\colon (s, e) \ne (s', e') \Rightarrow \neg((s', e') \preccurlyeq (s, e))$ erfüllt.

Zunächst wird gezeigt, dass die obige Definition wohldefiniert ist und tatsächlich eine Strategie mit endlichem Gedächtnis beschreibt. Hierzu muss zu jedem Maschinenzustand, dessen erste Komponente zu Spieler 1 gehört, ein nächster Zug definiert sein und zu jedem Maschinenzustand und möglichen Zug gibt es einen passenden nächsten Maschinenzustand.

Da die hier verwendete Moore-Maschine sich den letzten Zustand im Präfix in ihrem internen Zustand merkt, wird die Folgeaktionsfunktion α_n hierbei immer mit dem Spielzustand $s \in S$ aufgerufen, der schon im Maschinenzustand $(s, e) \in M$ vermerkt ist.

Lemma 6.2.3. *Sei G eine Spielstruktur und $v_0 \in \mathbb{N}^k$ ein Vektor mit $(s_0, v_0) \in \mathrm{Cpre}_{\mathbb{C}}^*$. Zu jedem $(s, e) \in M$ mit $s \in S_1$ ist $\alpha_n((s, e), s)$ definiert. Zu jedem $(s, e) \in M$ mit $s \in S_1$ und $s' = \alpha_n((s, e), s)$ ist $\alpha_u((s, e), s')$ definiert. Zu jedem $(s, e) \in M$ und $(s, s') \in E$ mit $s \in S_2$ ist $\alpha_u((s, e), s')$ definiert.*

Beweis: Im ersten Fall ist $(s, e) \in M$ mit $s \in S_1$ gegeben und $\alpha_n((s, e), s)$ wird ausgewertet. Es muss also ein $(s', e') \in M$ gefunden werden, das $(s, s') \in E$ und $e' \le e + w(s, s')$ erfüllt. Hieraus folgt auch schon, dass $\alpha_u((s, e), s')$ definiert ist.

Wegen $s \in S_1$ und da $M \subseteq \mathrm{Cpre}_{\mathbb{C}}^*$ folgt aus der Definition von $\mathcal{E}$, dass ein solches Element in $\mathrm{Cpre}_{\mathbb{C}}^*$ existiert. Da M die minimalen Elemente von $\mathrm{Cpre}_{\mathbb{C}}^*$ enthält, muss es dann auch ein Element geben, das einen eventuell niedrigeren Energielevel beschreibt und in M enthalten ist.

Analog folgt aus der Definition von $\mathcal{A}$, dass im Fall $s \in S_2$, der noch zu zeigen wäre, auch $\alpha_u((s, e), s')$ definiert ist. $\square$

Nun kommt die Korrektheit der Konstruktion. Bei der gerade definierten Strategie handelt es sich wirklich um eine Gewinnstrategie. Zu beachten ist, dass dieses Lemma keine Bedingung an $\mathbb{C}$ stellt. Wenn zu einem beliebigen $\mathbb{C}$ die Voraussetzungen des Lemmas erfüllt sind, dann gibt es eine entsprechende Gewinnstrategie. Dieser Beweis basiert auf [CRR12, Lemma 11].

Lemma 6.2.4. *Sei G eine Spielstruktur. Falls es ein $v_0 \in \mathbb{N}^k$ gibt mit $(s_0, v_0) \in \mathrm{Cpre}_{\mathbb{C}}^*$, dann ist die Strategie $\lambda_M(\mathbb{C}, \mathrm{Cpre}_{\mathbb{C}}^*, v_0)$ für Spieler 1 eine Gewinnstrategie nach mehrdimensionaler Energiebedingung zur Initialenergie v_0.*

Beweis: Zu zeigen ist, dass zu jeder beliebigen Strategie $\lambda_2 \in \Lambda_2$ für Spieler 2 der Energielevel während eines Spiels, das Spieler 1 mit der Strategie $\lambda_1 := \lambda_M(\mathbb{C}, \text{Cpre}^*_{\mathbb{C}}, v_0)$ spielt, in keiner Dimension negativ werden kann. Hierzu reicht es zu zeigen, dass die im Zustand der Moore-Maschine enthaltene Abschätzung des Energielevels nie unterboten wird. Nach Definition ist diese nie negativ, womit die Aussage bewiesen wäre.

Es wird also bewiesen, dass zu dem Spiel $\pi := \text{Outcome}_G(\lambda_1, \lambda_2)$ die Aussage $\forall i \in \mathbb{N}: v_0 + \text{EL}(\pi(i)) \in \mathbb{N}^k$ gültig ist.

Dies wird nun per Induktion hergeleitet. Der Zustand (s_0, v_0) ist der Initialzustand der Moore-Maschine. In diesem Zustand wird der Energielevel des Spiels exakt durch die Moore-Maschine abgebildet.

Sei die Behauptung nun für die ersten i Züge bereits gezeigt, die Moore-Maschine befindet sich im Zustand $(s, e) \in M$ und der aktuelle Energielevel sei $v(i)$. Als nächstes wird der Spielzustand $s' \in S$ eingenommen, weswegen die Maschine in den Zustand $(s', e') := \alpha_u((s, e), s')$ wechselt. Gezeigt werden soll, dass $e' \leq v_0 + \text{EL}(\pi(i+1)) = v(i) + w(s, s')$, wobei die rechte Seite dieser Ungleichung der exakte Energielevel nach diesem Zug ist.

Da (s', e') von α_u gewählt wurde muss gemäß Definition von α_u die Bedingung $e' \leq e + w(s, s')$ erfüllt sein. Anwenden der Induktionsvoraussetzung $e \leq v(i)$ liefert $e' \leq e + w(s, s') \leq v(i) + w(s, s')$. □

Als nächstes folgt die Vollständigkeit des Algorithmus. Wenn eine Gewinnstrategie existiert, dann kann durch bestimmen von $\text{Cpre}^*_{\mathbb{C}}$ und konstruieren von $\lambda_M(\mathbb{C}, \text{Cpre}^*_{\mathbb{C}}, c)$ auch eine Gewinnstrategie gefunden werden. Dies wurde bereits in [CRR12, Lemma 12] gezeigt.

Lemma 6.2.5. *Sei $G = (S_1, S_2, s_0, E, k, w, p)$ eine Spielstruktur in der alle absoluten Werte der Gewichtsfunktion w durch $W \in \mathbb{N}$ beschränkt sind und sei ℓ die Schranke für die Tiefe eines selbstüberdeckenden Baum aus Lemma 3.4.6. Falls für Spieler 1 eine Gewinnstrategie gemäß der mehrdimensionalen Energiebedingung existiert, so gilt $(s_0, (\mathbb{C}, \ldots, \mathbb{C})) \in \text{Cpre}^*_{\mathbb{C}}$ mit $\mathbb{C} := 2\ell W$.*

Beweis: Sei $C := \ell W$. Es folgt $\mathbb{C} = 2C$.

Aus der Gewinnstrategie kann durch Lemma 3.3.1 ein selbstüberdeckender Baum $T = (Q, \mathcal{Q}, R, r, \Theta)$ konstruiert werden. Nach Lemma 3.4.6 hat der längste Pfad von der Wurzel des Baumes zu einem Blatt höchstens die Länge ℓ. Da außerdem die Gewichtsfunktion in jeder Komponente durch W beschränkt ist, sind die Energien, die in der Beschriftung Θ des Baumes vorkommen können, durch $-\ell W = -C$ und $\ell W = C$ nach unten beziehungsweise oben beschränkt.

Nun werden alle Energielevel um C angehoben, um die Menge f zu definieren. Hierbei werden die Energielevel noch nach oben abgeschlossen, also auch höhere als die exakte Energie aufgenommen.

$$f := \{(s,\, e) \in U(\mathbb{C}) \mid \exists q \in Q\colon (s',\, e') = \Theta(q) \wedge s' = s \wedge e' + (C,\, \ldots,\, C) \le e\}$$

Da nach Definition eines selbstüberdeckenden Baumes $\Theta(r) = (s_0,\, (0,\, \ldots,\, 0))$ gilt und da die Menge f nach oben abgeschlossen ist, erfüllt diese Menge die geforderte Eigenschaft $(s_0,\, (\mathbb{C},\, \ldots,\, \mathbb{C})) \in f$. Außerdem liegen die Energievektoren in f wegen der oben gefolgerten Schranken zwischen 0 und $\mathbb{C}$. Insbesondere werden die Energievektoren durch diese Definition nur angehoben und es werden durch die Bedingung $(s,\, e) \in U(\mathbb{C})$ keine Elemente ausgeschlossen, die eventuell oberhalb von $\mathbb{C}$ liegen würden.

Es muss noch gezeigt werden, dass $f \subseteq \mathrm{Cpre}_{\mathbb{C}}^*$. Hierfür wird $f \subseteq \mathrm{Cpre}_{\mathbb{C}}(f)$ hergeleitet. Aus dieser Aussage folgt, dass f innerhalb eines Fixpunktes von $\mathrm{Cpre}_{\mathbb{C}}$ liegt, der durch wiederholtes Anwenden von $\mathrm{Cpre}_{\mathbb{C}}$ bestimmt werden kann. Nach Lemma 6.1.7 folgt dann $f \subseteq \mathrm{Cpre}_{\mathbb{C}}^*$.

Sei also $(s,\, e) \in f$. Zu zeigen ist $(s,\, e) \in \mathrm{Cpre}_{\mathbb{C}}(f)$.

1. Fall   Sei $s \in S_1$. Nach Definition von f gibt es also ein $q \in Q$ mit $(s,\, u) \in \Theta(q)$ und $u + (C,\, \ldots,\, C) \le e$. Ohne Beschränkung der Allgemeinheit ist $q \notin \mathcal{Q}$, da solche Knoten Kanten zu entsprechenden Knoten besitzen.

Sei nun $q' \in Q$ der nach Definition eines selbstüberdeckenden Baumes eindeutige Nachfolger von q mit $(q,\, q') \in R$, $\Theta(q') = (s',\, u')$, $(s,\, s') \in E$ und $u' = u + w(s,\, s')$. Nach Definition von f gilt auch $(s',\, u' + (C,\, \ldots,\, C)) \in f$.

Nach der Definition 6.1.1 von $\mathcal{E}$ gilt nun $(s,\, e) \in \mathcal{E}(\{(s',\, u' + (C,\, \ldots,\, C))\})$ und somit nach Lemma 6.1.3 auch $(s,\, e) \in \mathrm{Cpre}_{\mathbb{C}}(\{(s',\, u' + (C,\, \ldots,\, C))\}) \subseteq \mathrm{Cpre}_{\mathbb{C}}(f)$.

2. Fall   Sei $s \in S_2$. Wieder gibt es ohne Beschränkung der Allgemeinheit ein $q \in Q \setminus \mathcal{Q}$ mit $(s, u) \in \Theta(q)$ und $u + (C, \ldots, C) \leq e$.

Nach Definition des selbstüberdeckenden Baumes gibt es nun zu jeder Kante $(s, s') \in E$ ein Kind v von q mit $\Theta(v) = (s', u')$ und $u' = u + w(s, s')$. Analog zu oben sind diese Tupel mit um $(C, \ldots, C)$ erhöhtem Energielevel alle auch in f enthalten. Sei V die Menge aller dieser Tupel mit erhöhtem Energielevel.

Es gilt $V \subseteq f$ und, analog zum ersten Fall, nach Definition 6.1.1 von $\mathcal{A}$ und Lemma 6.1.3 auch $(s, e) \in \mathcal{A}(V) \subseteq \mathrm{Cpre}_{\mathbb{C}}(V) \subseteq \mathrm{Cpre}_{\mathbb{C}}(f)$. $\square$

Zu beachten ist, dass nur bewiesen wurde, dass eine Initialenergie und eine zugehörige Gewinnstrategie durch Konstruktion von $\mathrm{Cpre}_{\mathbb{C}}^*$ gefunden wird. Es ist durchaus möglich, dass es andere Initialenergien gibt, die in mindestens einer Komponente größer als $\mathbb{C}$ sind, aber unvergleichbar zu allen gefundenen Initialenergien sind.

Aus den beiden Lemmata zur Korrektheit und Vollständigkeit der Konstruktion folgt nun schließlich ein Korollar:

Korollar 6.2.6. *Sei $G = (S_1, S_2, s_0, E, k, w, p)$ eine Spielstruktur in der alle absoluten Werte der Gewichtsfunktion w durch $W \in \mathbb{N}$ beschränkt sind und sei ℓ die Schranke für die Tiefe eines selbstüberdeckenden Baum aus Lemma 3.4.6. Setze $\mathbb{C} := 2\ell W$. Genau dann wenn es ein Element $(s_0, v_0) \in \mathrm{Cpre}_{\mathbb{C}}^*$ gibt für ein beliebiges $v_0 \in \mathbb{N}^k$, hat Spieler 1 in der Spielstruktur G eine Gewinnstrategie gemäß der Energiebedingung zur Initialenergie v_0.*

6.3 Beispiel

Abbildung 6.1 zeigt die Spielstruktur G_0. Auf dieser Spielstruktur soll nun der Algorithmus 6.1.4 ausgeführt werden. Der Einfachheit wegen wird $\mathbb{C} = 4$ angenommen. Somit ist zwar nicht nach Lemma 6.2.5 garantiert, dass eine Gewinnstrategie gefunden wird, aber für die betrachtete Spielstruktur wird sich zeigen, dass dieser Wert ausreicht.

Die einzelnen Mengen U_i, die vom Algorithmus bestimmt werden, sind in Tabelle 6.1 gegeben. In dieser Tabelle werden zu jedem Schritt und zu jedem Zustand jeweils nur der minimale Energievektor angegeben, der in U_i enthalten ist. Dies ist ausreichend, da

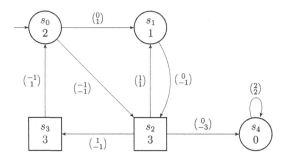

Abbildung 6.1: Wiederholung des Beispiels für eine Spielstruktur aus Abbildung 2.1.

Schritt	s_0	s_1	s_2	s_3	s_4
0	$(0,0)$	$(0,0)$	$(0,0)$	$(0,0)$	$(0,0)$
1	$(0,0)$	$(0,1)$	$(0,3)$	$(1,0)$	$(0,0)$
2	$(0,0)$	$(0,4)$	$(0,3)$	$(1,0)$	$(0,0)$
3	$(0,3)$	$(0,4)$	$(0,3)$	$(1,0)$	$(0,0)$
4	$(0,3)$	$(0,4)$	$(0,3)$	$(1,2)$	$(0,0)$
5	$(0,3)$	$(0,4)$	$(0,3)$	$(1,2)$	$(0,0)$

Tabelle 6.1: Ergebnisse von Algorithmus 6.1.4 zur Spielstruktur G_0 aus Abbildung 6.1.

die Mengen alle nach oben abgeschlossen sind und somit auch alle größeren Elemente enthalten sind.

Beispielsweise bedeutet der Eintrag $(1,2)$ in der Zeile zu Schritt 4 und der Spalte zu Zustand s_3, dass $(s_3, (1,2)) \in U_4$. Da diese Menge nach oben abgeschlossen ist, bedeutet dies auch, dass beispielsweise $(s_3, (2,2)) \in U_4$.

Nach dem fünften Schritt wird $U_4 = U_5$ und somit auch $U_5 = \mathrm{Cpre}_\mathbb{C}^*$ festgestellt und der Algorithmus terminiert.

Aus der Menge $\mathrm{Cpre}_\mathbb{C}^*$ kann nun eine Moore-Maschine konstruiert werden. Als Zustandsmenge werden hierfür die minimalen Elemente von $\mathrm{Cpre}_\mathbb{C}^*$ gemäß $\preccurlyeq$ benötigt. Dies sind genau die Elemente, die in Tabelle 6.1 in der letzten Zeile beschrieben sind.

Die resultierende Strategie $\lambda_M(\mathbb{C}, \mathrm{Cpre}_\mathbb{C}^*, v_0)$ zur Initialenergie $v_0 = (0,3)$ ist in Abbildung 6.2 abgebildet. Wie in Spielstrukturen werden runde Maschinenzustände verwendet, wenn der zugehörige Zustand im Spiel zu Spieler 1 gehört. Analog gehören rechteckige Zustände zu Spieler 2. Ein Zustand $(s,e) \in M$ mit $s \in S_1$ ist mit $s/\alpha_n((s,e), s)$ und e beschriftet.

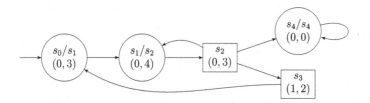

Abbildung 6.2: Die Gewinnstrategie $\lambda_M(\mathbb{C}, \text{Cpre}^*_{\mathbb{C}}, v_0)$ als Moore-Maschine.

Für $s \in S_2$ stehen nur s und e im Zustand. Es wurde darauf verzichtet die Kanten mit den zugehörigen Eingaben an α_n zu beschriften und statt dessen beschreibt der Spielzustand am Ende einer Kante für welche Eingabe diese Kante genommen wird.

Die Strategie $\lambda_M(\mathbb{C}, \text{Cpre}^*_{\mathbb{C}}, v_0)$ verhält sich identisch zur Strategie, die durch den selbst-überdeckenden Baum aus Abbildung 3.2 beschrieben wird.

7 Zusammenfassung und Ausblick

In dieser Arbeit wurden Spiele auf Spielstrukturen untersucht. Hierbei handelt es sich um eine Art von Zwei-Spieler-Spielen, die auf einem gerichteten Graphen gespielt werden. Die Knoten des Graphen, welche Zustände heißen, werden den Spielern zugeordnet und wenn das Spiel in einem Zustand ist, dann wählt der zugehörige Spieler einen Nachfolgeknoten als nächsten Zug aus. Ein ausgezeichneter Zustand bildet den Initialzustand des Spiels, welches unendlich lange gespielt wird.

Der Gewinner des Spiels wird anhand einer Gewinnbedingung festgelegt. Die Paritäts-bedingung betrachtet alle Zustände, die unendlich oft im Spiel besucht werden. Eine Bewertungsfunktion ordnet diesen Zuständen Zahlen zu und das Minimum dieser Zahlen heißt die Parität des Spiels. Wenn die Parität gerade ist, dann gewinnt Spieler 1, ansonsten gewinnt Spieler 2. Bei der Energiebedingung werden die Kanten mit Vektoren beschriftet. Während des Spiels werden die besuchten Beschriftungen aufaddiert und wenn in dieser Summe eine negative Zahl vorkommt, dann verliert Spieler 1. Hierbei gibt es die Energiebedingung mit Initialenergie, bei der zusätzlich ein Vektor als erster Summand gegeben ist. Bei der allgemeinen Energiebedingung ist nur gefordert, dass eine passende Initialenergie existiert. Schließlich gibt es noch die Energie-Paritäts-Bedingung, bei der Spieler 1 sowohl gerade Parität als auch nicht-negative Energielevel erreichen muss, um zu gewinnen. Hierbei ist keine Initialenergie vorgegeben. Diese Gewinnbedingung kombiniert die allgemeine Energiebedingung mit der Paritätsbedingung.

Das Verhalten eines Spielers wird durch seine Strategie bestimmt. Eine Strategie ist eine Funktion, die anhand der bisher gespielten Zustände den nächsten Zug bestimmt. Wenn ein Spieler sicher durch Befolgen einer bestimmten Strategie gewinnt, dann handelt es sich hierbei um eine Gewinnstrategie. Der Gegenspieler hat gegen eine solche Strategie keine Möglichkeit, selbst das Spiel zu gewinnen. Außerdem wurden gedächtnislose Strategien, welche nur den aktuellen Zustand betrachten, und Strategien mit endlichem Gedächtnis, welche nur endlich viele Informationen aus den bisher gespielten Zügen auswerten, vorgestellt. Strategien mit endlichem Gedächtnis sind durch Moore-Maschinen repräsentierbar.

Nach diesen Grundlagen wurden selbstüberdeckende Bäume vorgestellt. Hierbei handelt es sich um eine endliche Beschreibung einer Gewinnstrategie zur Energiebedingung. Aus einer beliebigen solchen Gewinnstrategie konnte ein selbstüberdeckender Baum konstruiert werden, wodurch gezeigt wurde, dass ein endliches Gedächtnis für Gewinnstrategien von Spieler 1 ausreichen. Anschließend wurden diese Bäume zu selbstüberdeckenden Bäumen gerader Parität erweitert, welche für die analoge Aussage zur Energie-Paritäts-Bedingung genutzt wurden.

Als nächstes wurden Gewinnstrategien betrachtet. Es wurde definiert, dass eine Gewinnbedingung determiniert ist, wenn für einen der beiden Spieler immer eine Gewinnstrategie existiert. Außerdem sorgen defensive Strategien dafür, dass ein Spieler nicht verliert. Dies ist jedoch nur bei nicht determinierten Gewinnbedingungen ein Unterschied zu Gewinnstrategien, da sonst beide Begriffe zusammenfallen. Es konnte gezeigt werden, dass die Energie- und die Paritätsbedingungen determiniert sind, und dass für beide Spieler ein endliches Gedächtnis immer ausreicht um zu gewinnen. Es kann nun also angenommen werden, dass beide Spieler Strategien mit endlichem Gedächtnis verwenden, ohne dass ihre Gewinnmöglichkeiten hierdurch eingeschränkt werden. Für die Paritätsbedingung ist sogar eine gedächtnislose Strategie zum Gewinnen ausreichend. Analog reichen gedächtnislose Strategien für Spieler 2 zur Paritätsbedingung, zur allgemeinen Energiebedingung und zur Energie-Paritäts-Bedingung.

Es gibt also eine einfache Hierarchie von „Strategieklassen". Zur Paritätsbedingung liegen allgemeine Strategien, Strategien mit endlichem und gedächtnislose Strategien für beide Spieler in derselben Klasse. Die Gewinnchancen eines Spielers ändern sich nicht, wenn er auf eine andere Art von Strategie eingeschränkt wird. Zur Energie- und Energie-Paritäts-Bedingung ist dies anders. Zwar sind für Spieler 2 immer noch alle drei Arten von Strategien gleichmächtig, aber Spieler 1 kann nur auf Strategien mit endlichem Gedächtnis beschränkt werden. Falls Spieler 1 auf gedächtnislose Strategien beschränkt wird, dann gibt es Spielstrukturen, auf denen er durch diese Einschränkung nicht mehr gewinnen kann, beispielsweise weil er aus zwei möglichen Zügen denjenigen auswählen muss, der eine Aktion von Spieler 2 ausgleicht. Zur Energiebedingung mit Initialenergie kann auch Spieler 2 nicht mehr auf gedächtnislose Strategien beschränkt werden ohne seine Gewinnchancen zu verändern.

Da beide Spieler nun auf Strategien mit endlichem Gedächtnis beschränkt sind, konnte mit Hilfe einer Verschärfung der Paritätsbedingung eine Reduktion hergeleitet werden. Hierbei wurde gezeigt, dass es eine Zahl ℓ gibt, so dass in einem Spiel, das nach Paritäts- oder Energie-Paritäts-Bedingung gewonnen wird, alle ℓ Züge einen Zustand mit gerader Bewertung besucht wird, die kleiner als die vorher besuchten, ungeraden Bewertungen ist. Hiermit wurde eine Reduktion der anderen Gewinnbedingungen auf die Energiebedingung hergeleitet. Hierzu wird die Beschriftungsfunktion der Spielstruktur um neue Dimensionen erweitert, die dafür sorgen, dass negative Energielevel auftreten, wenn für mehr als ℓ Züge keine Zustände passender Bewertung besucht werden. Dank dieser Reduktion musste nur noch die Energiebedingung entschieden werden, um auch die anderen Gewinnbedingungen entscheiden zu können.

Dies wurde schließlich durch einen Operator geschafft, der zu einer Menge von Paaren aus Zuständen und Energieleveln mögliche Vorgängerpaare bestimmt. Hierbei muss es für Spieler 1 einen Zug geben, der in diese Menge führt, während für Spieler 2 alle Züge in die gegebene Menge führen müssen. Für diesen Operator wurde ein Algorithmus vorgestellt, der einen Fixpunkt bestimmt, also eine Menge von möglichen Paaren, so dass ein Element dieser Menge selbst als nächste Spielkonfiguration auftreten wird. Somit kann Spieler 1 so spielen, dass unendlich lange Paare aus dieser Menge besucht werden. Aus diesem Fixpunkt konnte dann eine Gewinnstrategie von Spieler 1 bestimmt werden. Außerdem konnte gezeigt werden, dass diese Konstruktion zu einer Gewinnstrategie führt, falls überhaupt eine solche existiert. Somit entscheidet dieses Vorgehen die Energiebedingung.

In der vorliegenden Arbeit wurde anhand eines Beispiels gezeigt, dass für Spieler 2 gedächtnislose Strategien zur Energiebedingung mit Initialenergie nicht zum Gewinnen ausreichen. Allerdings bleibt es ungeklärt, ob Strategien mit endlichem Gedächtnis immer zum Gewinnen ausreichen, wobei dies zu vermuten ist, da endliches Gedächtnis bei den beiden Teilen dieser Gewinnbedingung immer ausreicht.

In der Einleitung wurde bereits vorgestellt, dass diese Arbeit in einer Anwendung dieser Spiele auf Petri-Netze und VASS motiviert ist, da hier ein starker Zusammenhang besteht. Dies liegt daran, dass ein VASS im Wesentlichen eine Spielstruktur ist, bei der alle Zustände zu Spieler 1 gehören und auf der nach Energiebedingung mit Initialenergie gespielt wird. Außerdem ist allgemein bekannt, dass VASS und pure Petri-Netze äquivalent sind, wobei ein Petri-Netz pur ist, wenn es keine Schleifen enthält.

Beispielsweise kann in einem Petri-Netz, beziehungsweise einem VASS, die schwache Lebendigkeit einer Transition geprüft werden, indem eine Reduktion auf die Existenz einer Gewinnbedingung zur Energie-Paritäts-Bedingung auf einer Spielstruktur durchgeführt wird. Eine Transition ist schwach lebendig, wenn es eine Feuersequenz gibt, die diese Transition unendlich oft enthält. Dies kann durch die Paritätsbedingung abgebildet werden, indem in der konstruierten Spielstruktur nur durch diese Transition ein Zustand mit für Spieler 1 günstiger Bewertung erreicht werden kann. Durch die Energiebedingung wird das Verhalten des VASS' simuliert. Somit hat Spieler 1 genau dann eine Gewinnstrategie zur Energie-Paritäts-Bedingung, wenn die gewählte Transition schwach lebendig ist.

Für die in der Einleitung aufgeworfene Frage ob $L(2N) \subseteq L(N||N)$ zu einem gegebenen Petri-Netz N gilt, müsste, ähnlich wie im dort vorgestellten Ansatz, eine Spielstruktur konstruiert werden, in der zeichenweise Wörter aus $L(2N)$ vorgegeben werden und der Gegenspieler mit demselben Zeichen aus einem Wort von $L(N||N)$ antworten muss. Das Wortende wird durch ein spezielles Zeichen markiert, das anschließend endlos wiederholt wird. Die Kantenbeschriftung der Spielstruktur wird wieder zur Simulation des VASS eingesetzt. Allerdings kann somit nur Spieler 1 mit der Energiebedingung ein VASS simulieren, da Spieler 2 versucht negative Energielevel zu erreichen. Somit ist eine Konstruktion erforderlich, bei der Spieler 1 die Züge von Spieler 2 simuliert, damit Spieler 2 selbst nicht negative Energielevel erreichen kann. Hierbei muss Spieler 1 gewinnen können, falls Spieler 2 eine nicht aktivierte Transition auswählt. Wie dies genau umgesetzt werden könnte ist bisher ungeklärt.

Anhang

In diesem Abschnitt soll das Lemma von Dickson bewiesen werden. Um dies zu zeigen wird die stärkere Aussage aus dem übernächsten Lemma gezeigt.

Lemma 1 (Dickson). *Sei $a \colon \mathbb{N} \to \mathbb{N}^k$ eine unendliche Folge von k-dimensionalen Vektoren. Dann gibt es Zahlen $i,\, j \in \mathbb{N}$ mit $i < j$, so dass $a(i) \leq a(j)$.*

Lemma 2. *Sei $a \colon \mathbb{N} \to \mathbb{N}^k$ eine unendliche Folge von k-dimensionalen Vektoren. Dann gibt es eine unendliche Menge $N \subseteq \mathbb{N}$ mit $\forall i,\, j \in N \colon i < j \Rightarrow a(i) \leq a(j)$.*

Beweis: Diese Aussage wird per vollständiger Induktion über k bewiesen.

Sei $k = 1$ und $m := \min a(\mathbb{N})$ die kleinste Zahl, die in der Folge vorkommt. Weiterhin sei $N(m) := \{i \in \mathbb{N} \mid a(i) = m\}$ die Menge aller Indizes, für die die Folge den Wert m annimmt. Falls diese Menge unendlich groß ist, setze $N := N(m)$, womit die gesuchte Menge gefunden ist.

Andernfalls sei $j = \max N$ der größte Index, der auf m abgebildet wird. Betrachte nun die Folge $a_j(i) := a(i + j + 1)$ und gehe mit ihr analog zur Folge a vor und . Dies wird rekursiv so lange fortgesetzt, bis eine unendliche Menge N' mit passenden Indizes gefunden wurde. Eventuell enthält die Folge keine Zahl, die unendlich oft vorkommt. In diesem Fall wird eine unendliche, aufsteigende Kette bestimmt und so trotzdem die gesuchte Menge gefunden.

In jedem Fall liefert dies analog eine Menge N_{a_j}, die unendlich groß ist und die Aussage zu a_j erfüllt. Die gesuchte Menge N ist nun $N := N(m) + \{i + j + 1 \mid i \in N_{a_j}\}$.

Sei die zu zeigende Aussage nun für ein beliebiges, aber fest gewähltes $k \in \mathbb{N}$ bewiesen. Zu zeigen ist für eine beliebige Folge $a \colon \mathbb{N} \to \mathbb{N}^{k+1}$, dass eine passende, unendliche Menge N existiert.

Zunächst wird die Folge a' definiert, indem zu jedem $i \in \mathbb{N}$ die ersten k Komponenten von $a(i)$ geliefert werden. Es wird also einfach nur die letzte Komponente abgeschnitten. Diese Folge erfüllt nun die Induktionsvoraussetzung und es gibt eine entsprechende Menge N'.

Nun kann eine weitere Folge b definiert werden, indem das i-te Element dieser Folge als $a(j)$ definiert wird, wobei j die i-kleinste Zahl von N' ist. Es werden also aus der Folge a nur die Elemente mit einem Index aus N' betrachtet.

Nach Definition von N' ist b in den ersten k Komponenten eine aufsteigende Folge. Nun wird wieder eine neue Folge $b' \colon \mathbb{N} \to \mathbb{N}$ durch $b'(i) := b(i)_{k+1}$ definiert, es wird also die letzte Komponente von b geliefert.

Auch auf diese Folge kann nun wieder die Induktionsvoraussetzung angewendet werden. Es wird eine Menge N'' geliefert, so dass b', und somit auch b eingeschränkt auf diese Indizes, monoton steigt. Die Indizes dieser Folge können nun wieder zu Indizes auf der Folge a umgerechnet werden, ohne dass sich die Werte ändern.

Somit wird eine unendliche Menge N gefunden, die die zu zeigende Aussage erfüllt. $\square$

Aus diesem Lemma folgt nun Dicksons Lemma, indem aus der Menge N nach dem vorherigen Lemma zwei beliebige, verschiedene Indizes gewählt werden.

Index

Literaturverzeichnis

[AMSS13] ABDULLA, PAROSH AZIZ, RICHARD MAYR, ARNAUD SANGNIER und JEREMY
          SPROSTON: *Solving Parity Games on Integer Vectors*. CoRR, abs/1306.2806,
          2013.

[BSV04]   BJÖRKLUND, HENRIK, SVEN SANDBERG und SERGEI VOROBYOV: *Memoryless
          determinacy of parity and mean payoff games: a simple proof*. Theoretical
          Computer Science, 310(1–3):365 – 378, 2004.

[CD10]   CHATTERJEE, KRISHNENDU und LAURENT DOYEN: *Energy Parity Games*.
          CoRR, abs/1001.5183, 2010.

[CDHR10] CHATTERJEE, KRISHNENDU, LAURENT DOYEN, THOMAS A. HENZINGER
          und JEAN-FRANÇOIS RASKIN: *Generalized Mean-payoff and Energy Games*.
          CoRR, abs/1007.1669, 2010.

[CRR12]   CHATTERJEE, KRISHNENDU, MICKAEL RANDOUR und JEAN-FRANÇOIS
          RASKIN: *Strategy Synthesis for Multi-dimensional Quantitative Objectives*.
          CoRR, abs/1201.5073, 2012.

[Hac76]   HACK, MICHEL: *The equality problem for vector addition systems is undecidable*.
          Theoretical Computer Science, 2(1):77 – 95, 1976.

[Kho10]   KHOMSKII, YURII: *Infinite Games – Summer course at the Universi-
          ty of Sofia, Bulgaria*. http://www.logic.univie.ac.at/~ykhomski/
          infinitegames2010/Infinite%20Games%20Sofia.pdf, letzter Zugriff
          18.08.2014, July 2010.

[Moo64]   MOORE, EDWARD F. (Herausgeber): *Sequential Machines: Selected Papers.* Addison-Wesley Longman Ltd., Essex, UK, UK, 1964.

[Pet62]   PETRI, CARL ADAM: *Kommunikation mit Automaten.* Doktorarbeit, Darmstadt University of Technology, 1962.

[PR08]   PETRI, CARL ADAM und WOLFGANG REISIG: *Petri net.* http://www. scholarpedia.org/article/Petri_net, letzter Zugriff 08.09.2014, 2008. revision #91646.

Printed in the United States
By Bookmasters